CAD/CAM 软件应用技术

——Pro/ENGINEER Wildfire 5.0

主　编　栾玉祥

副主编　於　旭

主　审　陈海滨

U0264753

北京理工大学出版社

BEIJING INSTITUTE OF TECHNOLOGY PRESS

内 容 简 介

本书主要内容包括认识 Pro/E 软件、草绘基础、三维设计基础、曲面特征基础、数控加工基础、装配基础、工程图等 7 个项目。通过项目概述、学习目标、知识链接、项目实施、项目小结、拓展练习等学习形式，读者可以循序渐进地学会 Pro/E 5.0 软件的建模、装配、运动仿真、工程图、数控加工等基本方法，并能实际加以应用。

本书可作为高等院校机电类专业及相关专业的 CAD/CAM 培训教材，同时也可作为从事机械设计、模具设计、数控编程等工作的技术人员的参考书籍。

图书在版编目（CIP）数据

CAD/CAM 软件应用技术：Pro/Engineer Wildfire 5.0/栾玉祥主编． —北京：北京理工大学出版社，2017.8

ISBN 978 - 7 - 5682 - 4763 - 4

Ⅰ．①C…　Ⅱ．①栾…　Ⅲ．①计算机辅助设计 - 应用软件 - 教材 ②计算机辅助设计 - 应用软件 - 教材　Ⅳ．①TP391.7

中国版本图书馆 CIP 数据核字（2017）第 210559 号

出版发行 / 北京理工大学出版社有限责任公司

社　　　址 / 北京市海淀区中关村南大街 5 号

邮　　　编 / 100081

电　　　话 / （010）68914775（总编室）
　　　　　　　（010）82562903（教材售后服务热线）
　　　　　　　（010）68948351（其他图书服务热线）

网　　　址 / http：//www.bitpress.com.cn

经　　　销 / 全国各地新华书店

印　　　刷 / 三河市华骏印务包装有限公司

开　　　本 / 787 毫米 ×1092 毫米　1/16

印　　　张 / 10.25　　　　　　　　　　　责任编辑 / 张旭莉

字　　　数 / 242 千字　　　　　　　　　　文案编辑 / 张旭莉

版　　　次 / 2017 年 8 月第 1 版　2017 年 8 月第 1 次印刷　　责任校对 / 周瑞红

定　　　价 / 39.00 元　　　　　　　　　　责任印制 / 李志强

丛书编审委员会

前　言

1988 年，美国参数技术公司（PTC）推出了集 CAD/CAM/CAE 于一体的全方位的 3D 产品开发软件 Pro/ENGINEER。经过 20 多年的不断更新发展，Pro/ENGINEER 在世界 CAD/CAM 领域取得了相当的成功，处于领先地位。Pro/ENGINEER 是目前世界上最为流行的三维 CAD/CAM 软件，是工程技术人员掌握计算机三维辅助设计方法的重要软件之一。截至目前，Pro/ENGINEER 先后经历了 2000i、2000i－2、2001、2003、Wildfire、Wildfire 2.0、Wildfire 3.0、Wildfire 4.0、Wildfire 5.0 等版本。

本教材是高等教育机电一体化专业 "CAD/CAM 软件应用技术" 课程的配套教材，是按照近几年高等教育专业课程改革的发展方向，结合了编者多年教学经验及体会，按照项目化要求编写的。

本教材以 Pro/ENGINEER Wildfire 5.0（以下简称 Pro/E）软件的应用为主线，通过对二级圆柱齿轮减速器的造型及零件数控加工的介绍，将 Pro/E 软件的操作技术及相关知识融入 7 个项目，引导学员通过实例操作循序渐进地学会 Pro/E 软件的建模、装配、运动仿真、工程图、数控加工等应用技术。

本教材可用做高等院校机电类专业及相关专业的 CAD/CAM 培训教材，同时也可用做从事机械设计、模具设计、数控编程等工作的技术人员的参考书。

本教材由栾玉祥担任主编，於旭担任副主编，赵亮、闫立中、吴菁等参与编写，陈海滨主审。

本书项目实施及拓展练习所涉及的原始素材及结果文件请登录北京理工大学出版社网址（http：//www.bitpress.com.cn）下载，也可与作者联系，通过电子邮件发送（70555270@qq.com）。由于编者水平有限，本教材不足之处在所难免，恳请广大读者批评指正！

编　者

目　　录

项目一 认识Pro/ENGINEER 5.0软件

项目概述

Pro/E 是美国参数技术公司（PTC）推出的一套功能强大的 CAD/CAM 软件，可用来在产品的研发阶段进行零件三维造型、组件的组装、机构的运动仿真、工程图生成、CAM 加工等。本项目以简单实例引导读者掌握 Pro/E 文件操作、视图显示、模型观察及基础的零件造型方法。

学习目标

◇ 掌握 Pro/E 文件的新建、保存、删除和拭除等操作方法。
◇ 掌握 Pro/E 基准基本知识，默认基准操作方法。
◇ 掌握 Pro/E 视图显示方法，模型查看方法。
◇ 掌握 Pro/E 零件造型基本方法。
◇ 学会简单零件的三维造型设计。

项目实例——定位销

Pro/E 软件的操作方法有别于一般的软件，图 1 - 1 所示定位销为二级齿轮箱中的一个简单实体零件、本项目中，我们通过二级齿轮箱中定位销的简单设计，来掌握 Pro/E 的基本文件操作、工作目录设置、视图显示等，并初步领略 Pro/E 最简单的零件设计方法。

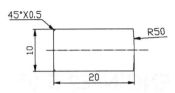

图1-1 定位销

知识链接

1. Pro/E 的界面介绍

Pro/E 5.0 的用户界面如图1-2所示，主要由标题栏、菜单栏、工具栏、信息区、过滤器、模型树、浏览器、绘图区以及特征定义栏和命令提示框组成，除此之外，对于不同的功能模块，还可能出现菜单管理器（图1-3）和"特征"对话框（图1-4），下面的章节中将详细介绍这些组成部分的功能。

图1-2 用户界面

2. Pro/E 的基本操作

（1）Pro/E 的文件基本操作

① 新建。单击菜单"文件/新建"命令或单击"文件"工具栏中的按钮，系统弹出如图1-5所示的"新建"对话框。

该对话框用于定义新建文件的类型、子类型和文件名称等，在图1-5中的"名称"文本框可以直接输入新文件名，选中"使用缺省模板"复选框表示创建新文件采用系统默认的单位、视图、基准等设置。如果不选此选项，系统将弹出图1-6所示"新文件选项"对话框，读者可以重新进行模板定义。

图1-3 菜单管理器

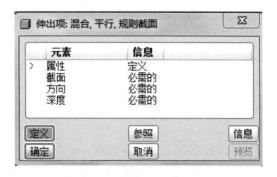

图1-4 "特征"对话框

图1-5 "新建"对话框

图1-6 "新文件选项"对话框

② 打开。单击"文件"菜单的"打开"命令或单击"文件"工具栏中的 按钮，系统弹出如图1-7所示的"文件打开"对话框。

该对话框用于打开已建文件，单击"工具"菜单，勾选"所有版本"，可发现文件列表框中的文件后缀名多了一个版本号可供选择。

③ 保存。单击"文件"菜单的"保存"命令或单击"文件"工具栏中的 按钮，系统弹出如图1-8所示的"保存对象"对话框。

该命令是将文件用同一文件名保存在文件所在的目录，但保存时新版本的文件不会覆盖旧版本的文件，而是自动存成新版本的文件。例如原有文件名为zhou3. prt，执行"保存"命令后则产生一个名为zhou3. prt. 2 的新文件，原有zhou3. prt 的文件仍然以zhou3. prt. 1 的名称存在。

④ 保存副本。单击"文件"菜单的"保存副本"命令，系统弹出如图1-9所示的"保存副本"对话框。

3

图1-7 "文件打开"对话框

图1-8 "保存对象"对话框

该命令可将当前活动窗口上的文件用新文件名保存在文件所指定的目录下，若当前窗口上的文件为组合文件，则可单击右下方的🔽按钮，在弹出菜单中选择"选取"选项，然后在当前活动窗口的组合件中选中所需要保存副本的那个零件，存成新的零件文件名。

⑤ 重命名。单击"文件"菜单的"重命名"命令，系统弹出如图1-10所示的"重命名"对话框。

该命令用于将一个文件重新命名，对话框中包含两个单选选项。

● "在磁盘上和会话中重命名"命名缓存及硬盘中的文件名。

● "在会话中重命名"重命名缓存中的文件名。

图1-9 "保存副本"对话框

图1-10 "重命名"对话框

⑥ 拭除。单击"文件"菜单的"拭除"命令，系统弹出如图1-11所示的"拭除"菜单。

⑦ 删除。单击"文件"菜单的"删除"命令，系统弹出如图1-12所示的"删除"菜单。

（2）窗口操作

① 关闭窗口。单击"文件"菜单的"关闭窗口"命令（图1-13）或单击"窗口"菜单的"关闭窗口"命令都可以关闭当前活动窗口（图1-14）。

② 窗口切换。Pro/E可打开多个文件形成多个窗口，若要将选中的窗口设置为当前活动窗口，则需先用鼠标单击该窗口使其置于最上层，再单击"窗口"菜单下的"激活"命令。除了使用"激活"命令设置活动窗口外，也可直接在"窗口"菜单下的文件列表中选择文件，将该文件所在的窗口设置为活动窗口，如图1-14所示。

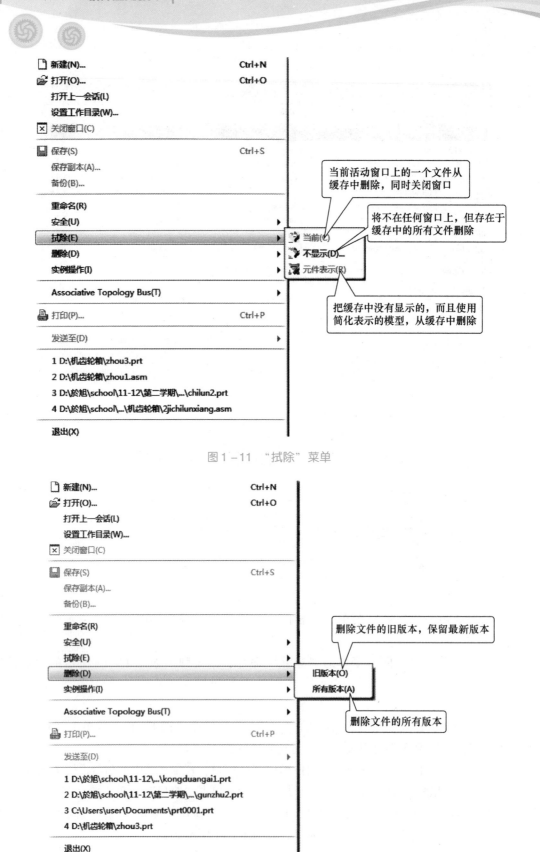

图 1 -11 "拭除"菜单

图 1 -12 "删除"菜单

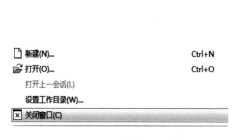

图 1 - 13 "文件" 菜单　　　　　　　　　　图 1 - 14 "窗口" 菜单

（3）键盘与鼠标操作

旋转：按下鼠标中键并移动鼠标。

平移：Shift 键 + 拖动鼠标中键。

快速缩放：滚动滚轮。

翻转：Ctrl 键 + 按下鼠标中键，鼠标左右移动。

3. Pro/E 的基本设置

（1）工作目录设置

工作目录是指文件保存及打开时预先设置的文件夹，也就是用户存放文件的位置。在进行设计之前，一般应该先设置系统的工作目录以方便文件的管理，减少定义文件的时间。设置的工作目录可以是临时工作目录，也可以是永久工作目录。

① 临时工作目录。单击"文件"菜单的"设置工作目录"命令，系统弹出如图 1 - 15 所示的"选取工作目录"对话框，在地址下拉列表框或文件列表框中选择需要设置工作目录的路径，单击"确定"按钮即完成了临时工作目录的创建。

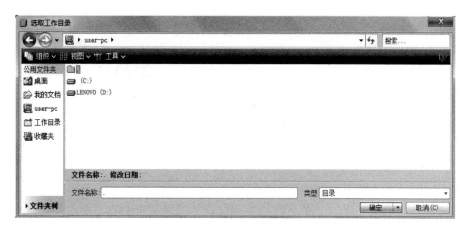

图 1 - 15 "选取工作目录"对话框

② 永久工作目录。在桌面上的图标上单击鼠标右键，在弹出的快捷菜单中，选择“属性”命令，系统弹出如图 1－16 所示的“Pro ENGINEER 属性”对话框，在“起始位置”文本框中输入将要定义的工作目录的路径，单击“确定”按钮即完成了永久工作目录的创建。

（2）显示设置

① 模型显示。Pro/E 中提供了 4 种模型显示方式：着色、无隐藏线、隐藏线和线框。单击“模型显示”工具栏上的显示方式按钮（图 1－17），可以查看不同的显示效果。

② 视图显示。Pro/E 中提供了 8 个方向的视图显示方式（图 1－18），包括标准方向、缺省方向、BACK、BOTTOM、FRONT、LEFT、RIGHT 和 TOP。用户从列表框中选择适合自己的视角，模型就自动调整为该视角方向。

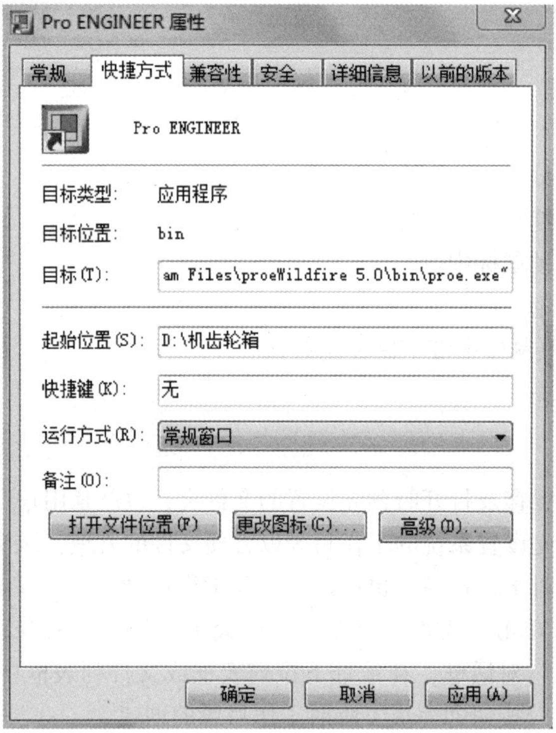

图 1－16 “Pro ENGINEER”对话框

图 1－17 “模型显示”工具栏

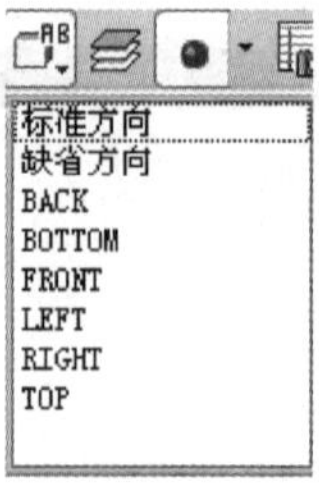

图 1－18 视图显示方式

③ 颜色设置。单击“视图”菜单的“显示设置”二级菜单中的“系统颜色”命令，系统弹出如图 1－19 所示的“系统颜色”对话框，在 Pro/E 中可以设置的系统颜色包含图形、用户界面、基准及几何，主要用来设置操作环境下的各种颜色，如绘图区背景、窗口面板颜

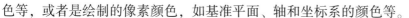

色等，或者是绘制的像素颜色，如基准平面、轴和坐标系的颜色等。

单击"视图"工具栏上的●按钮右侧的下拉箭头，系统弹出如图1-20所示的"外观库"菜单，在外观库菜单中可以设置外观、编辑外观、清除外观等。选中所需的外观图标后，绘图区会出现一支上色笔，此时可以给模型表面上色，若想给整体模型上色，则可在模型树上选取顶级模型，或者单击右键选中"从列表中拾取"，在"从列表中拾取"对话框中选择所需要上色的模型即可。

 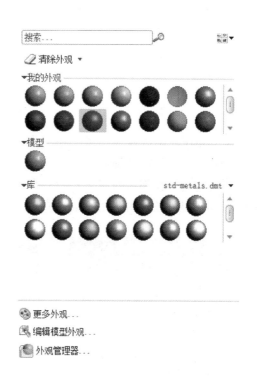

图1-19 "系统颜色"对话框   图1-20 "外观库"菜单

 项目实施

以下利用上述基础知识，进行项目实例操作。

1. 建工作目录

① 单击"文件"菜单的"设置工作目录"命令，系统弹出如图1-21所示的"选取工作目录"对话框。

② 在地址下拉列表框或文件列表框中选择路径（例如 D：/Proe），单击"确定"按钮即将当前的临时工作目录设定为"D：/Proe"。

2．新建文件

① 单击"文件"工具栏中的 ⬜ 按钮，系统弹出如图 1 – 22 所示的"新建"对话框。

图 1 – 21 "选取工作目录"对话框

② 接受系统默认"零件"类型和"实体"子类型，在"名称"文本框中将"prt0001"更改为"Dwx"，不勾选"使用缺省模板"。

③ 单击 确定 ，在弹出的如图 1 – 23 所示的"新文件选项"对话框中选择 mmns_part_sol-id，将英制单位改为公制单位；单击 确定 进入三维实体建模环境。

图 1 – 22 "新建"对话框

图 1 – 23 "新文件选项"对话框

3．创建主体模型

（1）定义创建方法

单击"基础特征"工具栏上的 ⬥ 旋转按钮，操控板上出现"放置""选项"和"属性"等项目。

（2）定制草绘平面

① 单击 放置 按钮，在弹出的下滑面板中单击 定义… 按钮，系统弹出"草绘"对话框，如图 1－24 所示。

② 选择"RIGHT"为草绘平面，并接受参照平面为"TOP"，单击"草绘"对话框中的 草绘 按钮或按鼠标中键，即进入草绘界面，如图 1－25 所示。

图 1－24　"草绘"对话框

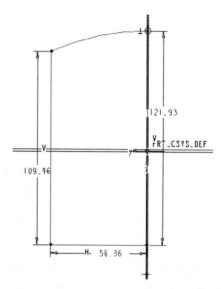

图 1－25　绘制草图

（3）草绘

如图 1－25 所示，其绘制步骤如下。

① 单击"草绘器工具"工具栏上 \ 的直线按钮，绘制图中直线段。

② 单击"草绘器工具"工具栏上的 \ 圆弧按钮，绘制图中圆弧段，注意其中的自动垂直约束。

③ 单击"草绘器工具"工具栏上的 \ 上的三角箭头，弹出 \ ✕ ¦ ¦ ，选择 ¦ 几何中心线按钮，绘制竖直几何中心线。

（4）尺寸控制

如图 1－26 所示，其绘制步骤如下。

① 单击"草绘器工具"工具栏上的 ⊢ 按钮，选择直线，单击鼠标中键放置尺寸。

② 选择直线上端点单击鼠标左键，再选择参考线单击鼠标左键，最后单击鼠标中键放置尺寸。

③ 同理将其他尺寸也标注出来。

（5）尺寸修改

① 框选所有尺寸。

② 单击"草绘器工具"工具栏上的 ⇄ 按钮，系统弹出"修改尺寸"对话框。

③ 不勾选"再生"，参考图 1－27"修改尺寸"对话框中的尺寸，输入所需值，单击 ✓ 按钮，完成尺寸修改。

图1-26 标注尺寸

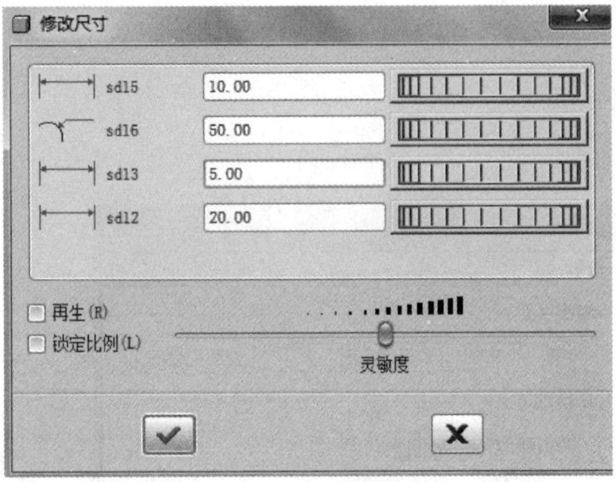

图1-27 "修改尺寸"对话框

（6）实体生成

① 单击"草绘器工具"工具栏上的按钮 ☑，完成草图绘制。

② 单击操控面板上的 ☑ 按钮，旋转得到如图1-28所示的实体。

图1-28 定位销

4. 保存文件

① 单击"文件"工具栏中的 ☐ 按钮，在打开的"保存对象"对话框（图1-29）中单击 确定 按钮保存文件。

② 再次单击"文件"工具栏中的 ☐ 按钮，保存文件。

5. 打开文件

单击"文件"工具栏中的 ☐ 按钮，系统自动定位到工作目录，单击"工具"菜单，勾选"所有版本"，可发现如图1-29所示的文件列表框中有 dwx. prt. 1 和 dwx. prt. 2 两个版本的文件存在。

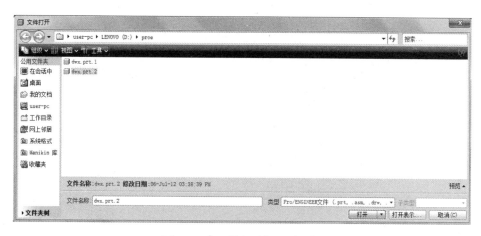

图1-29　"保存对象"对话框

6. 保存副本

单击"文件"菜单的"保存副本"命令，系统弹出如图1-30所示的"保存副本"对话框，任意指定新的文件保存位置，在"新建名称"文本框中输入副本名称"dingwx"。注意这里必须输入新名称。

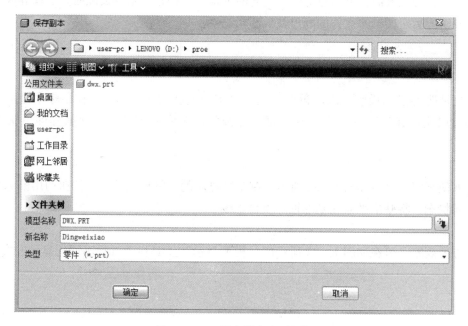

图1-30　"保存副本"对话框

7. 命名文件

单击"文件"菜单的"重命名"命令，系统弹出如图1-31所示"重命名"对话框，设置新文件名为"Dingweixiao"，选中"在磁盘上和会话中重命名"单选按钮。

图1-31 "重命名"对话框

8. 删除文件

单击"文件"菜单的"删除"命令中的"旧版本"命令，系统会询问删除文件的名称，单击✓按钮或鼠标中键确认。打开文件，可以看到仅剩下最新文件 Dingweixiao. prt. 2。

9. 拭除文件

单击"文件"菜单的"拭除"命令中的"当前"命令，确认系统的询问，将当前模型从缓存中拭除。拭除文件的操作很重要，一方面操作完成后，可以减少缓存中的数据量，缓解内存负担；另一方面，可以避免模型之间的干扰，特别是在组件装配时。建议养成在一个设计阶段完成后定期拭除文件的好习惯。

10. 观察模型

（1）视图缩放、平移和旋转

为更清晰地显示模型，滚动鼠标中键可以实现模型缩放显示；按住鼠标中键不动，移动鼠标可以实现旋转模型；按住 Shift 键，并按住鼠标中键不动，移动鼠标即可实现平移模型。

（2）隐藏基准

为方便观察，可将如图 1-32 所示控制基准显示的工具栏上的 4 个按钮均用鼠标左键单击呈弹起状态，将基准平面和基准轴等项目隐藏。

（3）更改显示方式

为方便观察，可在如图 1-33 所示的"模型显示"工具栏上选择不同的显示方式。

图1-32 "基准显示"工具栏    图1-33 "模型显示"工具栏

（4）视图切换

单击"视图"工具栏上的按钮，在其中选择不同的方向，则模型视图切换为不同的视图显示。

（5）颜色设置

单击"视图"工具栏上的按钮右侧的下拉箭头，系统弹出如图 1-34 所示的"外观库"菜单，在外观库菜单中选中 ptc – metallic – gold 外观图标后，绘图区会出现一支上色笔

，单击模型树上顶级模型 dingweixiao. prt，或者在模型上单击右键选中"从列表中拾取"，在"从列表中拾取"对话框中选择所需要上色的模型即可。

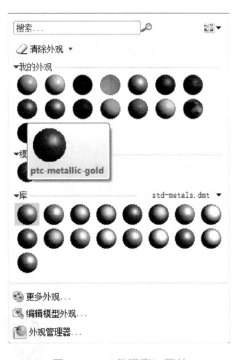

图1-34　"外观库"菜单

 ## 项目小结

通过本项目的学习，读者可以初步掌握以下重要内容：

1. Pro/E 的典型设计思想，特别要理解实体建模、特征造型等先进设计理念。

2. 学习 Pro/E 的文件、视图等基本操作，工作目录、工具栏和模型显示等基本设置。

3. 通过实例演示初步认识 Pro/E 创建零件模型的步骤：新建文件→选择成形方式（旋转）→选择草绘平面→绘制草图→输入旋转角度→完成特征建立。

 ## 拓展练习

1. 打开如图1-35所示课件目录：\ part \ unit1 \ exercise \ youweiji. prt、dianpian. prt、luomu. prt3 个文件，练习文件打开、保存、保存副本、备份、重命名、拭除、删除、窗口切换等操作。

youweiji.prt

dianpian.prt

luomo.prt

图1－35　习题1图

2. 将 youweiji. prt 窗口激活，运用旋转、缩放和平移等方法观察模型，单击"模型显示"工具栏上的按钮，切换不同的显示方式，单击"视图"工具栏上的 ▣ 按钮，在其中选择不同的方向，切换为不同的视图显示方向，单击"视图"工具栏上的 ● 按钮右侧的下拉箭头，进行外观颜色的设置。

3. 试用旋转的方法将如图 1 – 36 所示的 gunzhu. prt 模型创建出来（见教学课件目录：part \ unit1 \ exercise \ gunzhu. prt）。

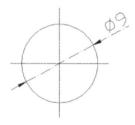

图1－36　滚珠

项目二　Pro/ENGINEER 5.0草绘基础

项目概述

　　草绘，就是用简单的图元进行基本的二维平面图形绘制。零件模型一般都可以看成是若干基本几何体组合而成的，基本几何体又可以看做是平面图形（截面图）通过拉伸、旋转、扫描等方法生成（图2-1）。因此，草绘（零件截面图形）是设计过程中最重要、最基本的技巧。能够很好地运用草绘的基本命令绘制出精确的二维平面图，是学好三维建模和Pro/E软件最基本的要求。

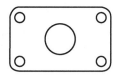

图2-1　Pro/E 造型基本思路

学习目标

　　※　学会进行草绘环境的设置。
　　※　掌握基本图形的绘制方法。
　　※　掌握图形的编辑方法。
　　※　掌握图形尺寸的标注、约束和修改尺寸的方法。

项目实例——油位计设计

　　Pro/E 中，零件模型一般由多个基本特征构成，图2-2所示油位计可以认为是由空心圆柱体、外圆柱螺纹及具有圆弧形状的旋转体3个特征构成。本项目中，通过对减速器油位计的三维造型构建，来掌握 Pro/E 草绘的基本方法，并初步领略 Pro/E 三维造型的基本方法。

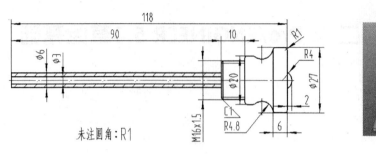

图 2-2　油位计

知识链接

1. 草绘环境

（1）基本概念

图元：草绘环境中组成图形的基本几何单元。如点、直线、圆弧、圆、矩形、样条线等。

约束：定义图元几何或图元间的关系，从而在这些图元之间建立关联。如约束两条直线平行或垂直、约束两个圆的直径相等，这时会出现约束符号。

参数：草绘中的辅助元素，用来定义草绘的形状和尺寸。

参照图元：指创建特征截面或轨迹时所参照的图元。

弱尺寸和弱约束：系统自动创建的尺寸或约束，以灰色显示。

强尺寸和强约束：由用户创建的尺寸和约束，以较深的颜色显示。

（2）草绘环境进入

单击菜单"文件"|"新建"命令或单击"文件"工具栏中的按钮▯，弹出"新建"对话框，选择"草绘"类型，输入草绘名称，单击 **确定** 按钮，即进入如图 2-3 所示的草绘环境。

（3）草绘环境设置

单击菜单"工具"|"环境"命令，弹出如图 2-4 所示的"草绘环境"对话框，可以对草绘环境的设置进行更改。

（4）草绘选项设置

单击菜单栏"草绘"|"选项"命令，系统弹出如图 2-5 所示的"草绘器首选项"对话框，可分别对草绘器杂项、约束、参数等进行设置。

2. 绘图工具

Pro/E 提供了丰富的二维图形的绘制和编辑工具，可以进行二维图元（如点、直线、

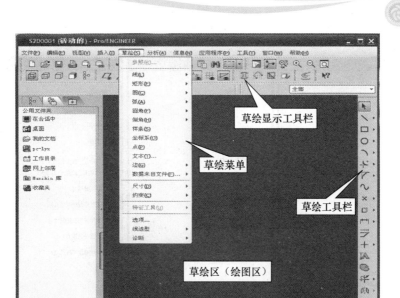

图2-3 草绘环境

图2-4 "草绘环境"对话框

图2-5 "草绘器首选项"对话框

圆、圆弧、椭圆、样条曲线等）的绘制、尺寸编辑/修改等。操作方法：单击菜单栏中的"草绘"命令，得到如图2-6所示的"草绘"下拉菜单，再单击相应工具启动绘图工具；或者单击软件界面右侧的"草绘器工具"工具栏（图2-7）中相应工具按钮，也可启动绘图工具。

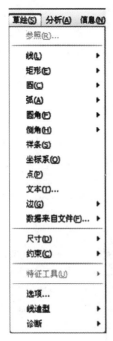

图2-6 "草绘"下拉菜单

图2-7 "草绘器工具"工具栏

（1）直线绘制

单击"草绘器工具"工具栏中 ＼· 的三角箭头，展开如图2-8所示的直线绘制二级工具栏，具体应用见表2-1。

图2-8　直线绘制二级工具栏

表2-1　直线应用

直线类型	说　明	操作方法	示　例
两点直线	过任意两点创建一条直线	点击图标，激活命令，在草绘区用鼠标在不同位置点击，可创建两点直线；连续点击，可得到首尾相连的连续直线	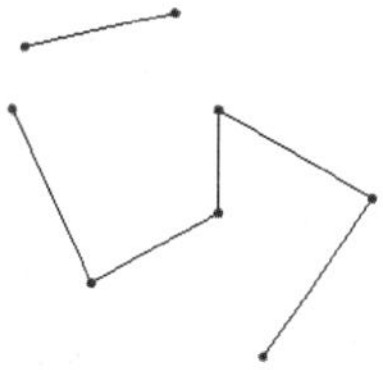
与两个图元相切的直线	在已有的两个图元（圆、圆弧等）之间创建公切线	点击图标，激活命令，在草绘区依次选择两个图元，创建公切线	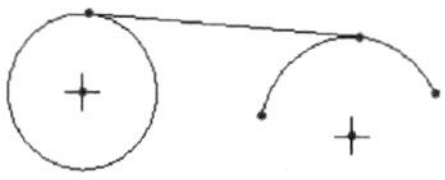
两点中心线	中心线的作用： ①用于表示圆、矩形等对称图形的对称中心线； ②作为镜像轴、对称轴设置（没有中心线，是没有办法进行镜像和对称设置的）； ③用于对称约束及标注	点击图标，激活命令，在草绘区用鼠标在不同位置点击，可创建两点中心线	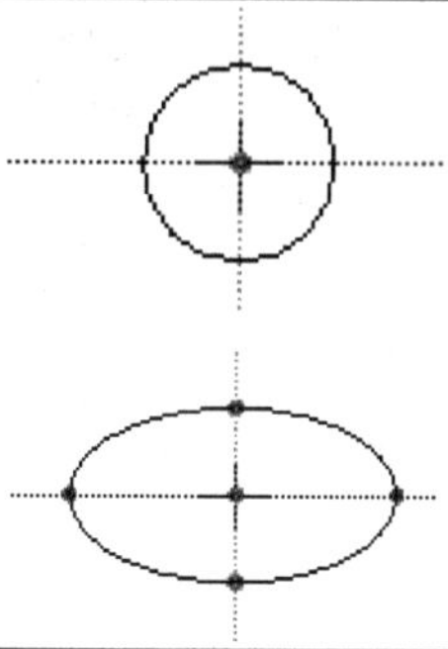
两点几何中心线	几何中心线一般默认作为旋转特征的旋转轴；也可用做基准轴，作为后面的特征的参照，可单独存在	点击图标，激活命令，在草绘区用鼠标在不同位置点击，可创建两点几何中心线	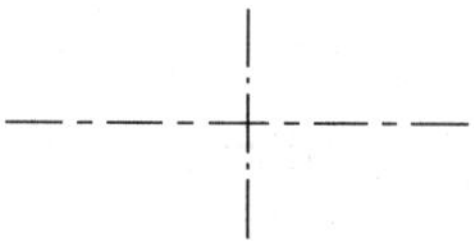

说明：中心线与几何中心线的区别如下。

·几何中心线可以默认作为旋转特征的旋转轴，在已经构造了几何中心线的情况下，创建旋转特征时，无须特别选择其作为旋转轴。如果在旋转特征中创建的是中心线，还需要特别选择中心线作为旋转轴。指定中心线为旋转轴后，中心线自动转换成"几何中心线"。

·中心线是草绘图元的一部分，不能单独存在。

·在草绘平面中创建一条几何中心线后，它会在图形窗口中显示为基准轴，可以被后面的特征参照，即可以单独存在。

·右击几何中心线，选取"构建"，可以将几何中心线转换为草绘图元；同理，右击中心线，选取"几何"，也可以将中心线转换为几何中心线。

（2）矩形绘制

单击"草绘器工具"工具栏中 □ 的三角箭头，展开如图2－9所示的矩形绘制二级工具栏，具体应用见表2－2。

图2－9　矩形绘制二级工具栏

表2－2　矩形应用

矩形类型	说　明	操作方法	示　例
□	创建边与坐标轴互相平行的普通矩形	点击图标，激活命令，在草绘区用鼠标在不同位置点击两次，可创建以这两点连线为对角线的矩形	1 ┌──────┐ 2
◇	创建边与坐标轴呈一定角度的斜矩形	点击图标，激活命令，在草绘区用鼠标在不同位置点击3次，可创建以前两点连线为一条边、以后两点连线为另一条边的矩形	2　3　1
▱	创建平行四边形	点击图标，激活命令，在草绘区用鼠标在不同位置点击3次，可创建以前两点连线为一条边、以后两点连线为另一条边的平行四边形	1　2　3

（3）圆的绘制

单击"草绘器工具"工具栏中 ◎ 的三角箭头，展开如图2－10所示的圆绘制二级工具栏，具体应用见表2－3。

图2－10　圆绘制二级工具栏

表2－3　圆形应用

圆的类型	说　明	操作方法	示　例
◎	根据圆心和圆周上的一点创建圆	点击图标，激活命令，先选择圆心，再在任意位置点击	＋

续表

圆的类型	说　明	操作方法	示　例
 	创建和已知圆（圆弧）同心的圆	点击图标，激活命令，先选择已有的圆或圆弧，再在任意位置点击	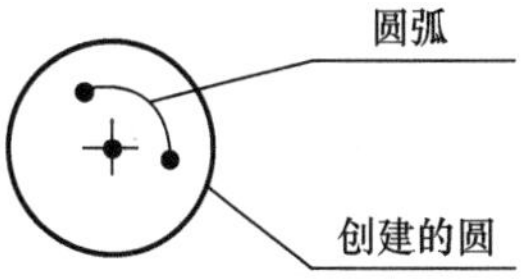 圆弧　创建的圆
	通过不在同一直线上的三点创建圆	点击图标，激活命令，依次选择已有的不在同一直线上的3点，或鼠标在不同位置点击3次	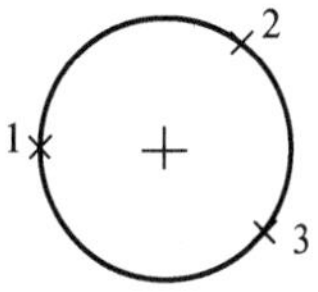 1 2 3
	创建与3个已知图元相切的圆	点击图标，激活命令，顺次选择已有的3个图元（圆、圆弧、直线等），可创建与3个已知图元相切的圆	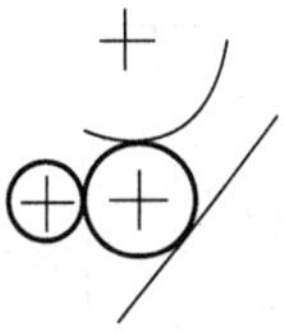
椭圆 	根据长轴端点创建椭圆	点击图标，激活命令，依次选择两点作为椭圆长轴，再移动鼠标至合适位置点击	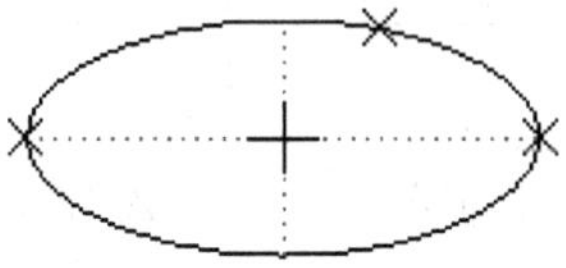
	中心＋长轴端点创建椭圆	点击图标，激活命令，先选择椭圆中心点，移动鼠标至合适位置点击，以确定椭圆长半轴，再移动鼠标至合适位置点击，绘制椭圆	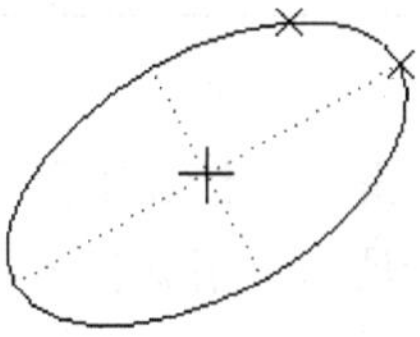

（4）圆弧绘制

单击"草绘器工具"工具栏中 的三角箭头，展开如图2-11所示的圆弧绘制二级工具栏，具体应用见表2-4。

图2-11　圆弧绘制二级工具栏

表2-4　弧形应用

圆弧的类型	说　明	操作方法	示　例
	根据圆弧两端点和圆弧上一点创建圆弧	点击图标，激活命令，先选择圆弧两端点（或在绘图区合适位置先后点击两个不同位置），再在合适位置点击。	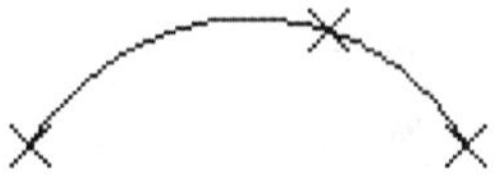

续表

圆弧的类型	说　明	操作方法	示　例
	创建和已知圆（圆弧）同心的圆弧	点击图标，激活命令，先选择已有的圆或圆弧，再在合适位置点击两次	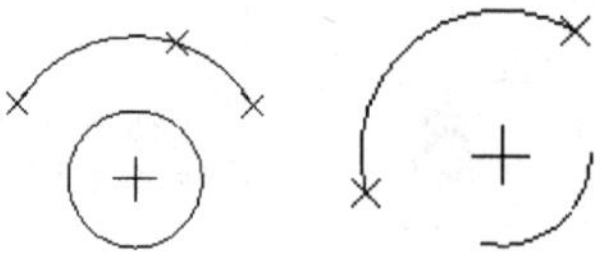
	通过圆心和端点创建圆弧	点击图标，激活命令，先点击确定圆心位置，再依次选择已有的不在同一直线上的两点，或鼠标在不同位置点击两次	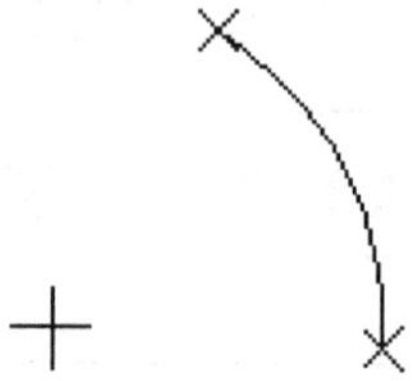
	创建与 3 个已知图元相切的圆弧	点击图标，激活命令，顺次选择已有的 3 个图元（圆、圆弧、直线等），可创建与 3 个已知图元相切的圆	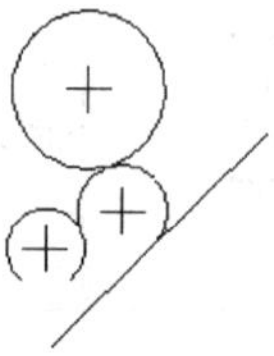
	创建锥形圆弧	点击图标，激活命令，依次选择两点作为锥形圆弧端点，再移动鼠标至合适位置点击	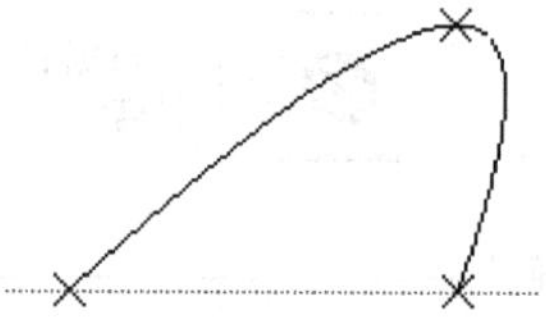

（5）圆角绘制

单击"草绘器工具"工具栏中 的三角箭头，展开如图 2 - 12 所示的圆角绘制二级工具栏，具体应用见表 2 - 5。

图 2 - 12　圆角绘制二级工具栏

表 2 - 5　圆角应用

圆角类型	说　明	操作方法	示　例
	在两图元之间创建一个圆角	点击图标，激活命令，先后选择两个需要圆角过渡的图元	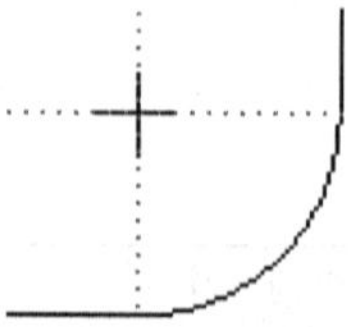
	在两图元之间创建一段椭圆弧	点击图标，激活命令，在进行连接的位置附近点击，选择需要进行圆弧或椭圆弧连接的两个图元（直线、圆或圆弧等）	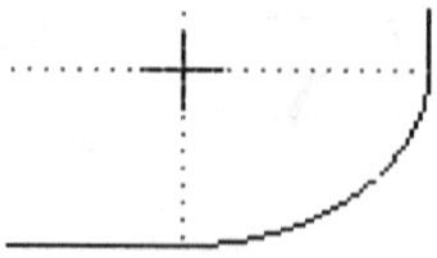

（6）倒角绘制

单击"草绘器工具"工具栏中 $\boxed{r}$ 的三角箭头，展开如图 2－13 所示的倒角绘制二级工具栏，具体应用见表 2－6。

图 2－13 倒角绘制二级工具栏

表 2－6 倒角应用

倒角类型	说　明	操作方法	示　例
 （图标）	在两图元之间创建一个倒角并创建构造线延伸	点击图标，激活命令，先后选择两个需要倒角的图元（直线、圆或圆弧等）	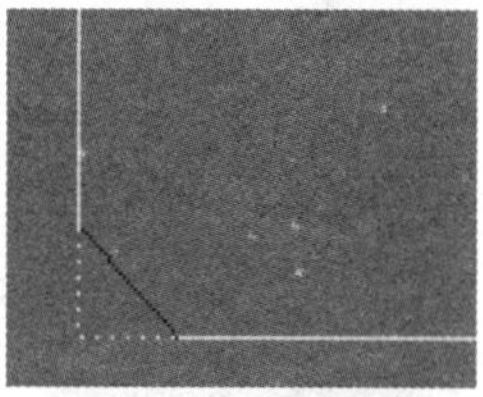 （示例图）
 （图标）	在两图元之间创建一个倒角	点击图标，激活命令，先后选择两个需要倒角的图元（直线、圆或圆弧等）	 （示例图）

（7）样条线绘制

具体应用见表 2－7。

表 2－7 样条线应用

按钮图标	说　明	操作方法	示　例
 （图标）	绘制平滑的通过任意多个点的曲线	点击图标，激活命令，在草绘区用鼠标在适当位置依次点击	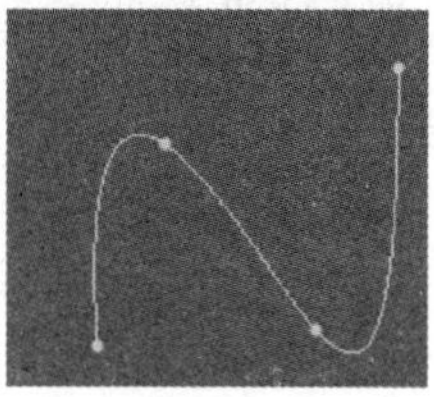 （示例图）

（8）点（坐标系）绘制

单击"草绘器工具"工具栏中 $\boxed{\times}$ 的三角箭头，展开如图 2－14 所示的点绘制二级工具栏，具体应用见表 2－8。

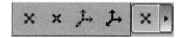

图 2－14 点绘制二级工具栏

表2-8　点应用

按钮图标	说　明	操作方法	示　例
	创建二维点	点击图标，激活命令，在草绘区适当位置点击创建点	
	创建几何点	点击图标，激活命令，在草绘区适当位置点击创建几何点	
	创建坐标系	点击图标，激活命令，在草绘区适当位置点击创建坐标系	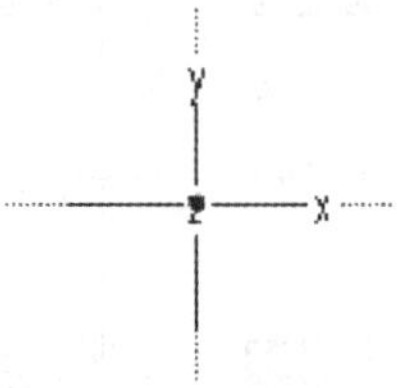
	创建几何坐标系	点击图标，激活命令，在草绘区适当位置点击创建几何坐标系	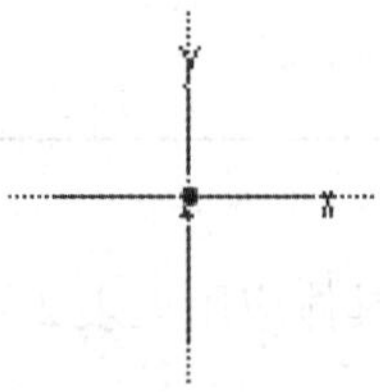

（9）边界图元绘制

单击"草绘器工具"工具栏中 的三角箭头，展开如图2-15所示的边界图元绘制二级工具栏。

图2-15　边界图元绘制二级工具栏

① 通过使用已有的几何边界创建草绘图元：单击 ，系统弹出"类型"对话框，选择使用边界的方式（单一、链或环），再选取需要使用的实体、曲面边界，在草绘区创建图元，如图2-16所示。

② 通过偏移一条边或草绘图元来创建草绘图元：单击 ，系统弹出"类型"对话框，选择使用边界的方式（单一、链或环），再选取需要使用的实体、曲面边界等，系统弹出偏移量对话框，在对话框内输入偏移值，单击 按钮，在草绘区创建图元，如图2-17所示。

图2-16　使用已有的几何边界

图2-17　偏移一条边或草绘图元

③ 通过在两侧偏移边或草绘图元来创建草绘图元：单击 ，系统弹出"类型"对话框，选择使用边界的方式（单一、链或环），再选取需要使用的实体、曲面边界，系统弹出偏移量对话框，在对话框内输入偏移值，单击 按钮，在偏移方向对话框内输入箭头方向偏移值，单击 按钮，在草绘区创建图元，如图2-18所示。

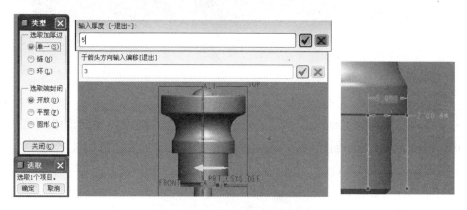

图2-18　两侧偏移边或草绘图元

（10）文本工具

在草绘区创建文本，作为草绘图形（剖面）的一部分。操作方法：单击"草绘器工具"

工具栏中A按钮，选择文字起点和终点（起点和终点连线方向确定文字高度方向，起点和终点距离确定文字高度），系统弹出如图 2 – 19 所示的"文本"对话框，在对话框中对文字字体、位置等进行设置后在"文本行"输入区输入需要添加的文字，点击确定。

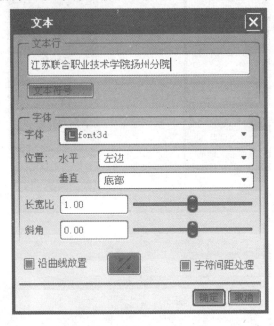

图 2 – 19　"文本"对话框

　　提示：如果需要文字沿曲线放置，只要在"文本"对话框下方勾选"沿曲线放置"，系统提示区会提示"选取将要放置文本的曲线"，然后选取曲线，就可以达到如图 2 – 20 所示的文字沿曲线放置效果。

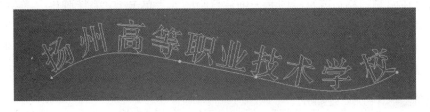

图 2 – 20　文字沿曲线放置效果

3. 尺寸标注和修改

（1）创建尺寸工具

　　单击"草绘器工具"工具栏中的三角箭头，展开如图 2 – 21 所示的尺寸工具二级工具栏。共有创建定义尺寸、创建周长尺寸、创建参照尺寸、创建纵坐标尺寸基线 4 个工具按钮，其中创建定义尺寸为最常用、最重要的工具，其主要用法如图 2 – 22 所示。

图 2 – 21　尺寸工具二级工具栏

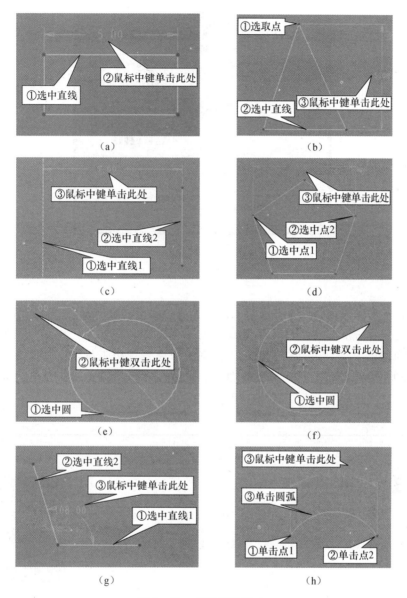

图2-22 创建线性尺寸

（a）标注线段长度；（b）点到直线距离；（c）标注直线间距离；（d）标注两点间距离；
（e）标注圆弧直径；（f）标注圆弧半径；（g）标注角度；（h）标注弧度

（2）尺寸修改工具

完成草图的绘制后，通常需要对其进行修改，以得到所需的尺寸。

操作方法一：按住Ctrl键，将需要修改的尺寸全部选中，单击"草绘器工具"工具栏中的 ᶾ 命令，系统弹出如图2-23所示的"修改尺寸"对话框，对需要修改的尺寸重新输入数值。

操作方法二：双击需要修改的尺寸，直接输入尺寸值。

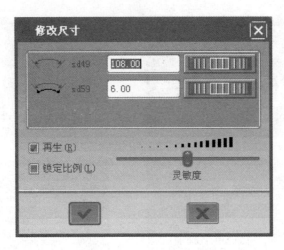

图2-23 "修改尺寸"对话框

4. 草图编辑

绘制图元的命令只能绘制一些简单的图形，要想获得复杂的图形，就需借助草图编辑命令对图元进行位置、形状的调整。草图编辑工具主要有"镜像""缩放和旋转""修剪"等。单击"草绘器工具"工具栏中的三角箭头，展开二级工具栏，可选择"镜像""旋转"命令；单击"草绘器工具"工具栏中的三角箭头，展开二级工具栏，可选择"删除段""拐角"和"分割"命令，具体应用见表2-9。

表2-9 草图编辑应用

图 标	说 明	操作方法	示 例
	镜像：以某一中心线为基准对称图形	选取需要镜像的几何图元，点击图标，激活命令，选择镜像中心线	
	旋转和缩放："旋转"就是将所绘制的图形以某点为旋转中心，旋转一个角度；"缩放"是对所选取得图元进行比例缩放	选取需要旋转和缩放的几何图元，点击图标，激活命令，弹出对话框。选择相关参照，设置平移、旋转和缩放相关参数	旋转 缩放

续表

图　标	说　明	操作方法	示　例
	删除段：动态修剪剖面图元	单击命令后，直接选择要删除的图元	
	拐角：将图元修剪（剪切或延伸）到其他图元或几何	单击命令后，依次选取要剪切或延伸的图元	
	分割：在选取点的位置处分割图元	单击命令后，选择分割点，可将直线、圆弧等图元在该点处进行分割	

5. 几何约束

几何约束是用来定义草图中各图元之间的相互关系的。如两条直线互相平行、垂直；两个圆弧半径相等，等等。Pro/E中几何约束工具共有9个，点击"草绘器工具"工具栏中的三角箭头，展开如图2-24所示的二级工具栏，具体应用见表2-10。

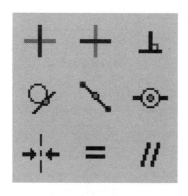

图2-24　约束二级工具栏

表2-10　草图编辑应用

图　标	说　明	操作方法	示　例
	竖直：使一条线或两点竖直放置	激活命令，选择两条线或两点	

图　标	说　明	操作方法	示　例
	水平：使一条线或两点水平放置	激活命令，选择两条线或两点	
	正交：使两图元正交	激活命令，选择两条线	
	相切：使两图元相切	激活命令，选择两条需要相切的图元	
	中点：将一个图元约束到另一个图元的中点处	激活命令，先选择要放置的点，再选定放置的图元	
	重合：某两个点重合或者某两个图元上的点重合	激活命令，先选择要放置的点，再选定放置的图元	
	对称：使两点或顶点关于中心线对称	激活命令，点击"点－中心线－点"（第1个点为参考点）	
	相等：创建等长、等半径、等曲率的约束	激活命令，选择需要设置为相等的两个图元	
	平行：使两条线平行	激活命令，选择需要设置为平行的两个图元	

项目实施

油位计是典型的回转体零件,可以看做头部由图 2-25 所示截面环绕轴线旋转 360°形成,标尺部分由圆形截面沿轴线方向拉伸形成;也可以看做如图 2-26 所示截面环绕轴线旋转 360°形成。下面利用前面所介绍的相关知识,以第一种方法构建零件特征,重点学习草绘二维图形的方法。

图 2-25 截面 1   图 2-26 截面 2

1. 油位计头部造型设计

(1) 新建文件

打开 Pro/E,设置工作目录 D:/Proe;单击"文件"工具栏上的 按钮,弹出如图 2-27 所示的"新建"对话框,接受系统默认的"零件"类型和"实体"子类型;将零件名称改为"youweiji",单击鼠标左键取消选取"使用缺省模板"复选框;单击 确定 ,弹出如图 2-28 所示的"新文件选项"对话框,选择"mmns_part_solid"模板,单击 确定 ,完成新建文件。

图 2-27 "新建"对话框

图 2-28 "新文件选项"对话框

(2) 旋转截面草绘

·单击"基础特征"工具栏中 按钮,弹出旋转特征操控面板,单击"放置""定义",选择 TOP 面作为草绘平面,其他设置参照系统默认。单击按钮 草绘 ,进入草绘界面。

·单击"草绘器工具"工具栏中 的三角箭头,展开直线绘制二级工具栏,单击创建几何中心线图标,在草绘区绘制如图 2 - 29 所示几何中心线作为旋转轴。

·单击"草绘器工具"工具栏中 的三角箭头,展开直线绘制二级工具栏,单击 ,在草绘区绘制如图 2 - 29 所示的半剖面图形状。注意在中心线上捕捉直线的起点和终点,所有直线一次绘制完成。

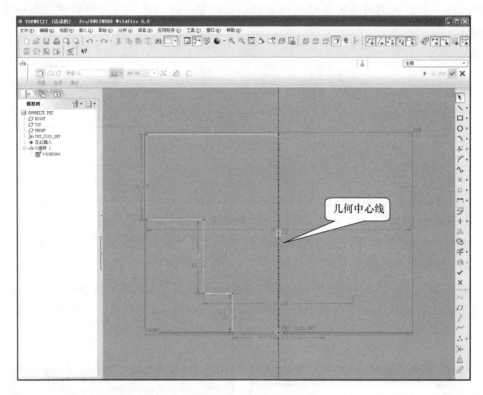

图 2 - 29 草绘图形

提示:几何图元绘制后,尺寸标注和约束会自动添加,这些约束和尺寸标注是弱的,它们会被添加的新尺寸标注或新约束覆盖掉。弱尺寸一般以灰色显示。对不符合要求或有些可能不在最终标注之列的弱尺寸不能使用删除操作,可以修改弱尺寸或创建新尺寸来实现设计意图。修改的弱尺寸和创建的新尺寸都是强尺寸,系统一般以高亮度显示。

·按照图 2 - 2 所示的工程图尺寸修改截面图各尺寸。操作方法是双击需要修改的尺寸,输入尺寸值,结果如图 2 - 30 所示。

提示:

① 单击草图上的尺寸,拖动,可将该尺寸放置到合适的位置。

② 单击草图上的尺寸,然后单击"草绘器工具"工具栏上的 按钮,也可进行尺寸修改。

·单击"草绘器工具"工具栏上的 按钮,选择圆心 + 圆上一点 ,绘制如图 2 - 31 所示的两个圆,并修改直径尺寸分别为 φ8、φ9.6。

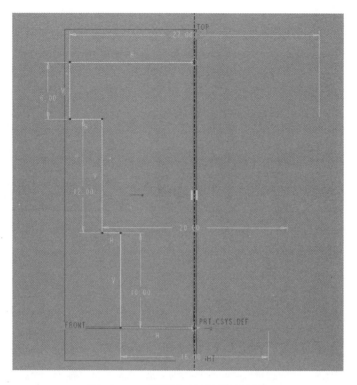

图2-30 修改尺寸后的草绘图形

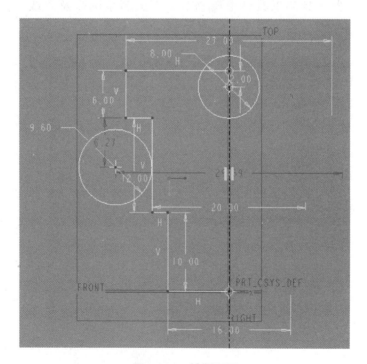

图2-31 绘制两圆

·单击"草绘器工具"工具栏中 的三角箭头,弹出二级工具栏,再单击 按钮。约束 φ9.6 圆心和 6 mm 轮廓直线,使圆心和该直线共线;单击按钮 ,约束 φ9.6 圆和直线相切。结果如图 2 – 32 所示。

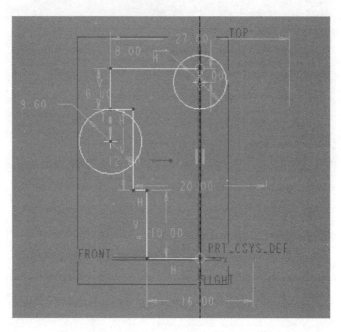

图 2－32　约束

·单击"草绘器工具"工具栏中▣按钮，裁去多余圆弧及直线，结果如图 2 – 33
所示。

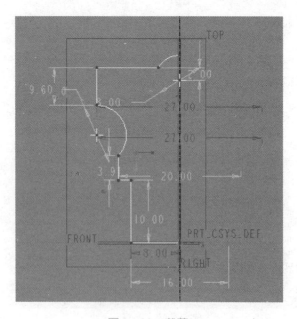

图 2－33　裁剪

单击"草绘器工具"工具栏上的▣按钮，对 4 处尖角处创建过渡圆弧，并修改圆角半
径为 R1；单击"草绘器工具"工具栏上的▣按钮，对 φ16 圆柱截面尖角处进行 C1 的倒角，
如图 2 – 34 所示；单击"草绘器工具"工具栏上的▣按钮，裁去多余圆弧及直线。

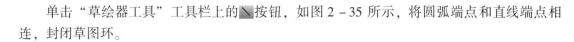

单击"草绘器工具"工具栏上的 按钮，如图 2 – 35 所示，将圆弧端点和直线端点相连，封闭草图环。

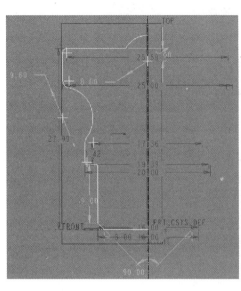

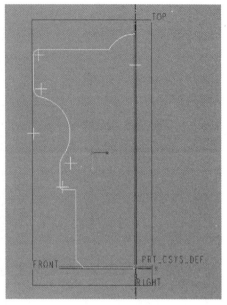

图 2 – 34　倒角　　　　　　　　　　图 2 – 35　封闭图形

（3）旋转特征生成

单击按钮 ，完成草图绘制。出现如图 2 – 36 所示的旋转特征预览界面。

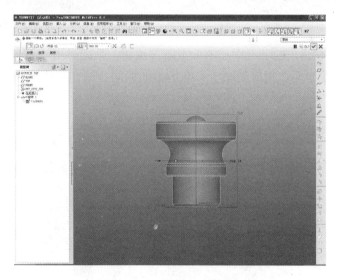

图 2 – 36　旋转特征预览

单击按钮 ，完成旋转特征创建。单击"模型显示"工具栏上的 按钮，在下拉列表中选择"标准方向"，切换到三维视图模式，结果如图 2 – 37 所示。

2. 油位计标尺造型设计

单击"基础特征"工具栏上的 按钮，系统弹出如图 2 – 38 所示的拉伸操控面板。

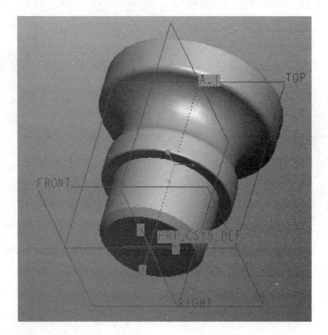

图2-37　三维视图

图2-38　拉伸操控面板

单击▦▦按钮，在弹出的下滑面板中单击▦▦按钮，系统弹出"草绘"对话框，选择油位计底部平面为草绘平面，画出如图2-39所示的两同心圆，修改尺寸为φ6 mm、φ3 mm的圆。

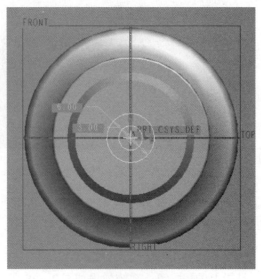

图2-39　绘制草图

单击✔按钮，退出草绘。在拉伸操控面板输入拉伸长度90，单击✔按钮，完成如图2 – 40所示的标尺圆柱体的创建。

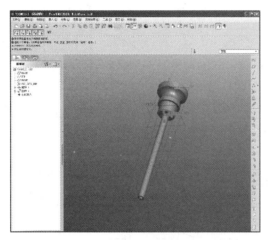

图2 – 40　标尺圆柱体的创建

注：本实例 M16 × 1.5 螺纹造型部分，在学习项目三后通过拓展练习完成。

 项目小结

通过本项目的学习，可以达到以下效果：

1. 知道草绘二维图形的重要性。
2. 能够掌握草绘环境的进入、设置方法。
3. 能够学会利用草绘工具和编辑工具进行二维图形的绘制和编辑。
4. 能够初步掌握用 pro/E 5.0 进行三维造型的基本方法。

 拓展练习

1. 综合利用草绘工具及编辑相关知识，完成图2 – 41所示二维图形的绘制。
2. 完成图2 – 42所示减速器端盖草图的绘制。

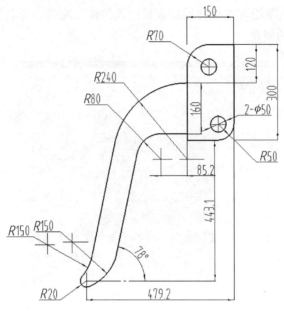

图 2 - 41　习题 1 图

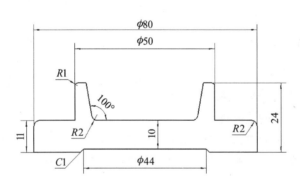

图 2 - 42　习题 2 图

Pro/ENGINEER 5.0三维设计基础

 项目概述

Pro/E 中一个零件通常是由许多特征组成的。在这些特征中，有的特征是通过布尔运算中的并运算即添加材料获得的；有的则是通过布尔运算的差运算即去除材料获得的。添加材料和去除材料的最基本方式就是通过拉伸、旋转、扫描和混合这些基础特征来实现的。对于同一种特征，无论是添加材料还是去除材料，它们的创建方法都是一样的。

 学习目标

※ 初步掌握拉伸、旋转、扫描和混合等特征创建的基本方法。
※ 初步掌握倒角、倒圆角、孔、抽壳和拔模等特征编辑的基本方法。

项目实例——减速器上箱体

Pro/E 中，零件模型一般由多个基本特征构成，图 3−1 所示为减速器上箱体，可以认为该零件是由拉伸、旋转、倒角、倒圆角、孔、抽壳等多个特征造型构成的。本项目中，通过对减速器上箱体的三维造型的构建，来掌握 Pro/E 三维设计的基本方法。

图 3−1 减速器上箱体

知识链接

1. 新建零件文件

① 选择主菜单"文件"|"新建"命令或单击"文件"工具栏 按钮,系统弹出如图3-2所示的"新建"对话框。

② 在对话框中的"类型"栏中选择"零件"项,在"子类型"栏中选择"实体"组件项,在"名称"文本框中输入文件名称,不勾选"使用缺省模板"复选框,单击 确定 按钮,系统弹出如图3-3所示的"新文件选项"对话框。

图3-2 "新建"对话框   图3-3 "新文件选项"对话框

③ 在"新文件选项"对话框的模板列表中选中"mmns_mfg_nc"模板,单击 确定 按钮,进入公制零件工作窗口。

④ 在三维设计中,默认的有基准平面(FRONT、TOP、RIGHT)和图3-4所示的坐标系,它们的打开和关闭可以通过图3-5所示的"基准显示"工具栏中的四个开关按钮来控制,图3-6所示为"基础特征"工具栏所对应的快捷工具按钮。

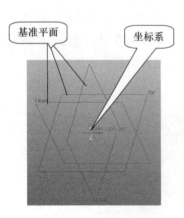
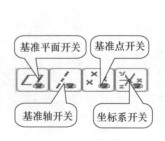

图3-4 基准平面和坐标系   图3-5 开关按钮   图3-6 快捷工具按钮

2. 拉伸特征

拉伸是创建三维实体最基本的命令，是从草绘平面沿草绘截面和草绘平面方向直接拉伸生成模型。在基准平面上建立新的实体模型，则为拉伸加材料。如果是在实体上进行拉伸，可以通过选择决定拉伸加材料或拉伸减材料。

（1）拉伸加材料

① 新建实体零件文件，输入名称如"lashen"，选择公制模板，进入零件工作窗口。

② 单击"基础特征"工具栏中⬜按钮，系统弹出如图 3－7 所示的拉伸特征操控板（系统默认拉伸为实体，如需拉伸为曲面，可以单击⬜按钮进行创建，曲面特征将在项目四中学习），单击 放置 按钮，弹出下滑面板，单击 定义… 按钮，系统弹出如图 3－8 所示的"草绘"对话框，单击选取 FRONT 平面作为草绘平面，单击"草绘"对话框中的 草绘 按钮，绘制图 3－9（a）所示的草图，单击✔按钮退出草绘，输入拉伸长度值为143，在模型区单击一下，让模型生效，单击☑️👓按钮，可进行特征预览，单击✔按钮，完成如图 3－9（b）所示的特征创建。

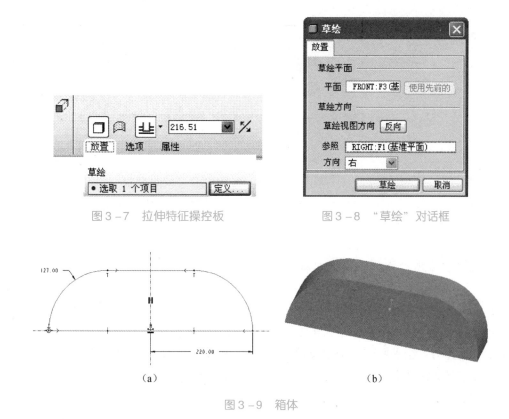

图 3－7　拉伸特征操控板　　　　　　　图 3－8　"草绘"对话框

（a）　　　　　　　　　　　　　　　（b）

图 3－9　箱体

（2）拉伸减材料

① 单击"基础特征"工具栏⬜按钮，系统弹出拉伸特征操控板，单击 放置 按钮，弹出下滑面板，单击 定义… 按钮，系统弹出"草绘"对话框，单击选取实体前表面为草绘平面，单击"草绘"对话框中的 草绘 按钮，绘制如图 3－10 所示的圆孔草图，单击✔按钮，退出草绘。

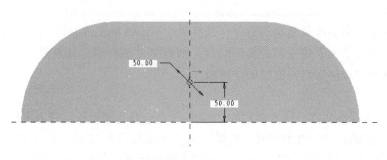

图3-10　圆孔草图

② 退出草绘后，实体如图3-11所示，与需要创建的方向相反。输入拉伸深度值为143，单击✕按钮，改变方向，单击✕按钮，移除材料，单击✓按钮，完成如图3-12所示的实体的创建。

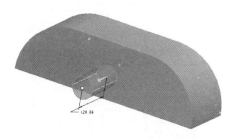

图3-11　退出草绘后的实体

图3-12　实体创建完成

3. 旋转特征

旋转是创建三维实体的另一个基本的命令，它是利用一截面绕着一个中心轴旋转，来建立或剪切特征。因此，创建旋转特征时除了有封闭的截面外，还要指定一条中心线作为旋转轴。

（1）旋转加材料

① 新建实体零件文件，输入名称，如"xuanzhuan"，选择公制模板，进入零件工作窗口。

② 单击"基础特征"工具栏◈按钮，系统弹出如图3-13所示的旋转特征操控板，单击 放置 按钮，系统弹出下滑面板，单击 定义... 按钮，系统弹出"草绘"对话框，单击选取FRONT平面作为草绘平面，单击"草绘"对话框中的 草绘 按钮，绘制图3-14（a）所示的草图（注意需要绘制几何中心线），单击✓按钮，退出草绘，输入旋转角度值为360，单击✓按钮，完成图3-14（b）所示特征的创建。

图3-13　旋转特征操控板

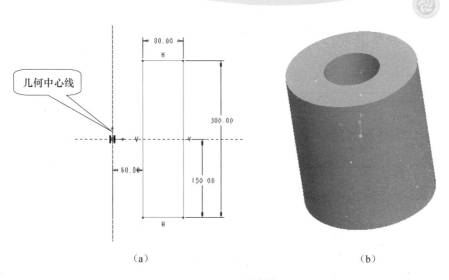

（a）　　　　　　　　　　　　　　　　（b）

图3－14　现状实体

（2）旋转减材料

① 单击"基础特征"工具栏 ⚙ 按钮，系统弹出旋转特征操控板，单击 放置 按钮，弹出下滑面板，单击 定义… 按钮，弹出"草绘"对话框，使用之前的平面作为草绘平面，单击"草绘"对话框中的 草绘 按钮，绘制图3－15（a）所示的草图（注意选取参照），单击 ✔ 按钮，退出草绘。

② 输入旋转角度值为360，单击 ⬜ 按钮，移除材料，单击 ✔ 按钮，完成图3－15（b）所示特征的创建。

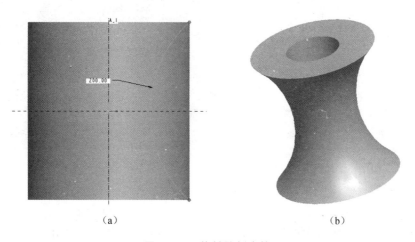

（a）　　　　　　　　　　　　　　　　（b）

图3－15　旋转除料实体

4. 倒圆角特征

使用倒圆角命令可创建曲面间的圆角或中间曲面位置的圆角。曲面可以是实体的模型的表面，也可以是曲面特征。

（1）简单倒圆角

单击"工程特征"工具栏 🖉 按钮，系统弹出如图3－16所示的圆角特征操控板，选取实体上表面外圆边线，输入圆角半径为 10.00，单击☑按钮，完成如图 3-17 所示的特征创建。

图 3-16　圆角特征操控板　　　　　　图 3-17　圆角特征实体

（2）完全倒圆角

单击"工程特征"工具栏▨按钮，系统弹出圆角特征操控板，用鼠标将实体零件旋转方向，使其下表面向上，按住 Ctrl 键分别选取实体未倒圆角表面外圆边线和内孔边线，单击操控板中▨按钮，系统弹出如图 3-18 所示的下滑面板，单击 完全倒圆角 按钮，单击☑按钮，完成图 3-19 所示特征的创建。

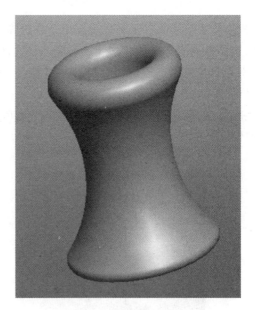

图 3-18　圆角特征下滑面板　　　　　　图 3-19　完全倒圆角实体

5. 倒角特征

倒角特征可以对实体边或拐角进行斜切削加工，在机械零件中应用广泛。在 Pro/E 中，倒角分为两种类型：边倒角和拐角倒角。

（1）边倒角

以长方体为例，如图 3-20（a）所示，进行边倒角操作：单击"工程特征"工具栏▨按钮，系统弹出如图 3-21 所示的倒角特征操控板，单击选取长方体的前上方边线，选择边倒角方案为 45 x D ▾，输入倒角尺寸为"20.00"，单击☑按钮，完成图 3-20（b）所示特征的创建。

（2）拐角倒角

对图3-20（a）进行拐角倒角操作：选择菜单"插入"｜"倒角"｜"拐角倒角"命令，系统弹出如图3-22所示的"拐角（倒角）"对话框，选取实体右上角要倒角的顶点，依次选取三个边并输入值为"50.00"，在"拐角（倒角）"对话框中单击确定按钮，完成图3-20（c）所示特征的创建。

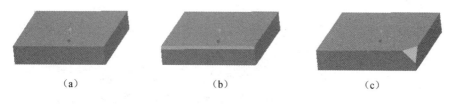

(a)　　　　　　　　　　(b)　　　　　　　　　　(c)

图3-20　长方体倒角实体

图3-21　倒角特征操控板

图3-22　"拐角倒角"对话框

6. 孔特征

利用拉伸或旋转的方法在实体上去除材料可以创建孔的特征，但是这样操作比较复杂，效率比较低。Pro/E提供了孔工具，使操作更简便。操作方法有两种：创建简单孔和创建标准孔。

（1）简单孔

单击"工程特征"工具栏　按钮，系统弹出如图3-23所示孔特征操控板。

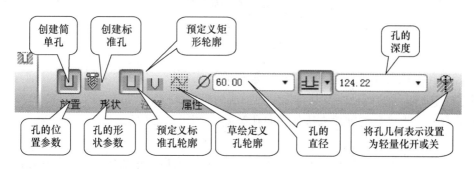

图3-23　孔特征操控板

简单孔有3种：线性孔、径向孔和直径孔。

① 线性孔。单击孔特征操控板上的 放置 按钮，系统弹出下滑面板，如图3-24所示，选取

零件上表面为孔的放置截面，在下滑面板中选取类型为"线性"，单击偏移参照下的"单击此处添加…"字符，按住 Ctrl 键，分别选择左侧面和前侧面为第一、第二参照，在下滑面板的文本框中分别输入第一参照和第二参照的距离为 100，在孔特征操控板文本框中输入孔径值为 80，孔深值为 100，单击☑按钮，完成如图 3 – 25 所示的特征创建。

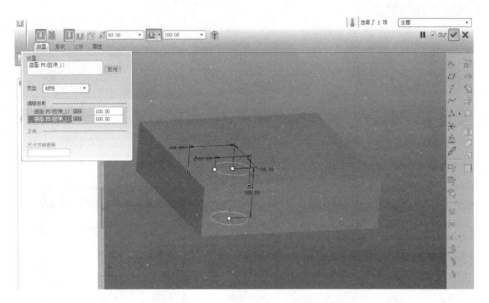

图 3 – 24　线性孔的创建

图 3 – 25　线性孔实体

　　② 径向孔。径向孔通过给定极半径和极角的方式定位。如图 3 – 26 所示，通过给定孔中心距零件中心轴线的极径值及其与参考面形成的极角来确定孔的位置。

　　③ 直径孔。直径孔的创建方法与径向孔类似，如图 3 – 27 所示。

　　（2）标准孔

　　单击"工程特征"工具栏 按钮，弹出孔特征操控板，单击 按钮，选择螺纹类型、螺纹尺寸、标准孔的形状，单击 形状 按钮，系统弹出如图 3 – 28 所示的下滑面板，编辑孔的尺寸，选取钻孔面，定义孔的放置方式及定位尺寸，单击孔特征操控板的☑按钮就可以完成孔的创建。

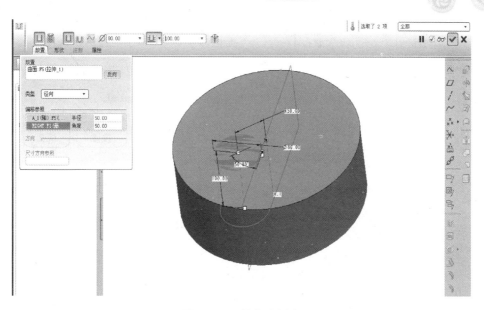

图 3 – 26　径向孔创建

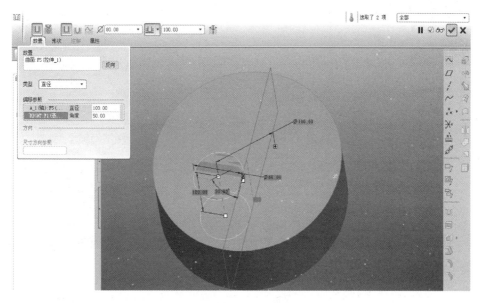

图 3 – 27　直径孔创建

7. 抽壳特征

抽壳特征是将实体的一个或几个表面去除，然后掏空实体的内部，留下一定壁厚的壳。在使用该命令时，特征的创建次序非常重要。

如图 3 – 29 所示，抽壳操作的一般步骤为：单击"工程特征"工具栏 回 按钮，系统弹出如图 3 – 30 所示的壳特征操控板，按住 Ctrl 键，选取图中的四个表面作为要去除的曲面，输入抽壳的壁厚值为 9，单击 ☑ 按钮，完成如图 3 – 31 所示的抽壳特征的创建。

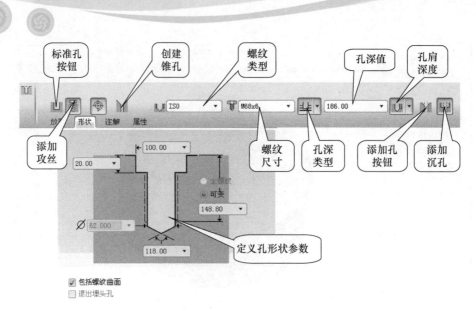

图 3 – 28　标准孔特征操控板及下滑面板

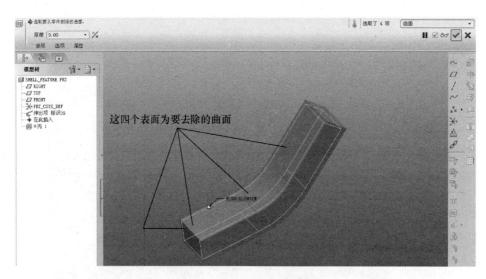

图 3 – 29　选取要去除的曲面

图 3 – 30　壳特征操控板　　　　　图 3 – 31　壳特征实体

8. 拔模特征

　　注射件往往需要一个拔模斜度，才能顺利脱模，Pro/E 的拔模特征就是用来创建模型的拔模特征。单击"工程特征"工具栏　按钮，系统弹出如图 3 – 32 所示拔模特征操控板。

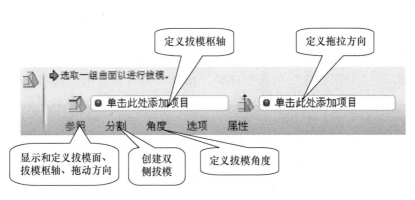

图 3 – 32　拔模特征操控板

以图 3 – 33（a）所示模型为例，用拔模特征实现图 3 – 33（b）所示的实体的步骤如下。

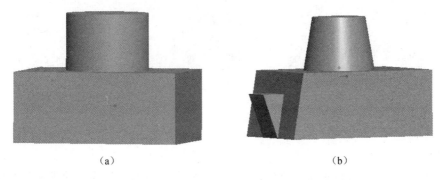

（a）　　　　　　　　　　　　（b）

图 3 – 33　拔模特征实体

① 单击"工程特征"工具栏 按钮，系统弹出拔模特征操控板，选取圆柱面作为拔模曲面，单击操控板上的"拔模枢轴"收集器将其激活，在图形区选取长方体上表面作为拔模枢轴平面，系统自动选择该平面的正法线方向作为拔模角参照，在操控板上的"拔模角度"文本框中输入角度值为10，注意到图形区拔模方向为向外，如图 3 – 34 所示，单击 按钮，拔模方向变为相反方向，单击操控板 ，完成如图 3 – 35 所示的圆柱面拔模特征。

图3 – 34　拔模方向

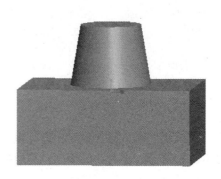

图3 – 35　圆柱面拔模特征实体

② 单击"工程特征"工具栏![按钮]按钮，系统弹出拔模特征操控板，选取长方体左侧面作为拔模曲面，单击操控板"拔模枢轴"收集器将其激活，选取长方体下底面作为拔模枢轴平面，系统自动选择该平面的正法线方向作为拔模角参照，在操控板上单击 分割 按钮，系统弹出下滑面板，在"分割选项"列表框选择"根据分割对象分割"选项，单击"分割对象"收集器后面的 定义... 按钮，选择长方体左侧面作为草绘平面，默认草绘平面的各放置属性，使用缺省参照，进入草绘环境，草绘如图 3-36 所示的分割曲线，在操控板"第一侧拔模角度"文本框中输入角度值为 10，在"第二侧拔模角度"文本框中输入角度值为 -20，如果方向不对，单击 ![x]，使拔模角度反向，如图 3-37 所示，单击 ![✓]按钮，完成第二个拔模特征的创建，最终效果如图 3-33（b）所示。

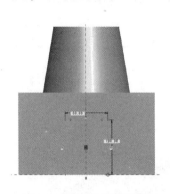

图 3-36　草绘分割曲线

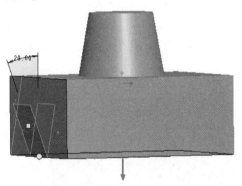

图 3-37　拔模方向

9. 扫描特征

　　扫描特征是通过绘制的或选取现有的轨迹线，将草绘截面沿着绘制的或选取现有的轨迹线扫描创建的特征。

　　单击菜单"插入"|"扫描"命令，打开子菜单。子菜单有四种不同的显示，当屏幕无实体时，显示的子菜单如图 3-38（a）所示；如果屏幕有实体模型显示，显示的子菜单如图 3-38（b）所示；如果屏幕只有曲面，显示的子菜单如图 3-38（c）所示；如果屏幕有曲面和实体，显示的子菜单如图 3-38（d）所示。

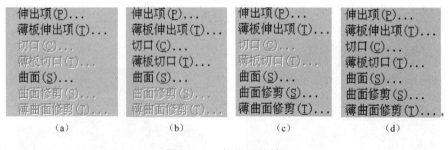

图 3-38　扫描子菜单

　　定义扫描轨迹规则：通常截面扫描可以使用草绘创建的轨迹，也可以使用已有的基准曲线或边界组成的轨迹。作为一般规则，该轨迹必须有相邻的参照曲面或是平面。

　　在定义扫描时，系统检查指定轨迹的有效性，并建立法向曲面。法向曲面是指定一个曲面，其法向是用来建立轨迹的 Y 轴。下面分别说明子菜单各项功能的具体用法。

（1）伸出项

伸出项特征的基本操作流程如图3－39所示。

① 若轨迹线为草绘轨迹，则操作步骤为：选取轨迹线的草绘平面，并决定草绘轨迹时的视角方向，选取另一个平面作为水平或垂直方向的参考平面，进入草绘模式，绘制扫描所需要的轨迹线。

② 若为选取的轨迹，则用户直接在现有零件上选取三维或二维线条，作为扫描所需的轨迹线，然后决定截面绘制时的 Y 轴方向，其扫描截面的起始点可以通过鼠标选取后用右键快捷菜单进行修改。

下面用扫描伸出项特征创建如图3－40所示的实体模型，其操作过程如下。

单击菜单"插入"|"扫描"|"伸出项"命令，系统弹出"伸出项：扫描"对话框和菜单管理器，在菜单管理器中选择"草绘轨迹"，选取 FRONT 平面作为草绘轨迹平面，其他为系统默认，进入草绘模式，绘制如图3－41（a）所示的轨迹线（可以在轨迹线的某一端点处按住右键，在弹出的菜单中选取起点，可改变轨迹起点或者起点的方向），单击 ✔ 按钮，进入扫描截面的草绘。草绘区出现的十字中心线为轨迹线起始点的端点，在此处绘制如图3－41（b）所示的截面图形，单击确定按钮，最终完成扫描实体。

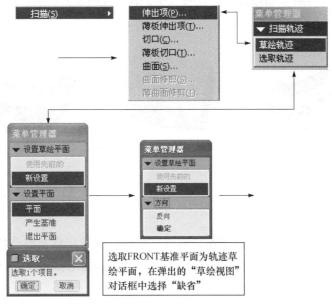

图3－39 伸出项特征的基本操作流程

图3－40 扫描伸出项实体

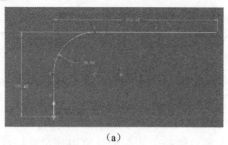 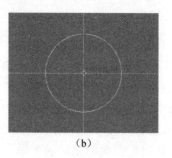

（a）　　　　　　　　　　　　（b）

图 3 - 41　草绘轨迹线及截面

（2）薄板伸出项

此操作流程与扫描伸出项特征创建类似，不同点在于，完成剖面后需确认材料增加侧，并输入薄壳实体的厚度，其结果如图 3 - 42（a）所示。

（3）切口特征

此操作流程与扫描伸出项特征创建类似，不同点在于，完成剖面后需确认材料移除侧，如图 3 - 42（b）所示。

（4）薄板切口特征

此操作流程与切口特征创建类似，不同点在于，完成剖面后需确认输入薄壳的厚度，如图 3 - 42（c）所示。

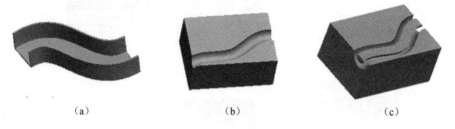

（a）　　　　　　　　　（b）　　　　　　　　　（c）

图 3 - 42　其他扫描特征

10. 混合特征

将一组截面沿其边线用过渡曲面连接形成一个连续的特征就是混合特征。混合特征至少需要两个截面。图 3 - 43 所示的混合特征是由三个截面混合而成的。

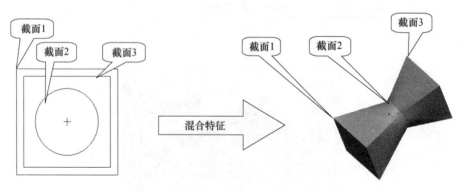

图 3 - 43　混合特征创建

下面用混合特征创建如图 3 - 43 所示的实体模型，其操作过程如下。

① 单击菜单"插入"|"混合"|"伸出项"命令，在弹出的菜单管理器中选择"平行"|"规则截面"|"草绘截面"|"完成"，在混合"属性"菜单中选择"直/完成"，草绘截面，选择 TOP 为草绘平面，选择"右"，选取 RIGHT 基准平面作为参照平面，进入草绘模式。

② 创建混合特征的第一截面：进入草绘环境后，绘制如图 3 - 44 所示的草绘截面。

③ 创建混合特征的第二截面：单击菜单"草绘"|"特征工具"|"切换截面"命令或按住鼠标右键，在弹出的菜单中选取"切换截面"命令，绘制如图 3 - 45 所示的草绘截面。

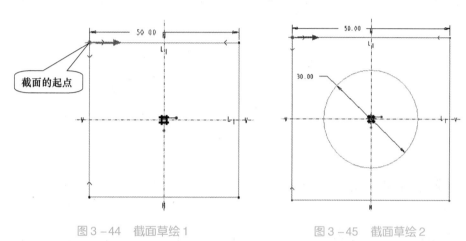

图 3 - 44　截面草绘 1　　　　　　图 3 - 45　截面草绘 2

④ 将第二个截面（圆）切分成四个图元：单击"草绘器工具"的工具栏中 按钮上的三角箭头，弹出二级工具栏，单击 按钮，分别在图 3 - 46 所示的位置选择四个点，绘制两条中心线，对四个点进行对称约束，修改、调整第一个点的尺寸，改变第二个截面起点和起点的方向，鼠标单击选中起点，单击菜单"草绘"|"特征工具"|"起点"命令或按住鼠标右键，在弹出的菜单中选取"起点"命令，完成后如图 3 - 47 所示。

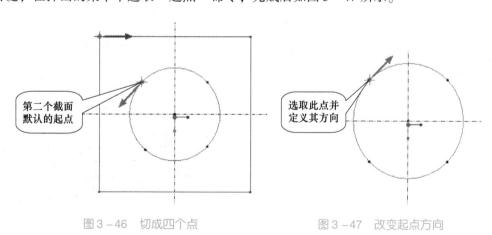

图 3 - 46　切成四个点　　　　　　图 3 - 47　改变起点方向

⑤ 创建混合特征的第三个截面：选择主菜单"草绘"|"特征工具"|"切换截面"命令或按住鼠标右键，在弹出的菜单中选取"切换截面"命令，绘制草绘截面，并定义好截面的起点，如图 3 - 48 所示。

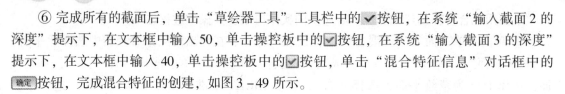

⑥ 完成所有的截面后，单击"草绘器工具"工具栏中的✓按钮，在系统"输入截面 2 的深度"提示下，在文本框中输入 50，单击操控板中的☑按钮，在系统"输入截面 3 的深度"提示下，在文本框中输入 40，单击操控板中的☑按钮，单击"混合特征信息"对话框中的 确定 按钮，完成混合特征的创建，如图 3－49 所示。

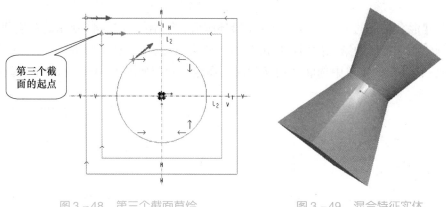

图 3－48　第三个截面草绘　　　　　图 3－49　混合特征实体

项目实施

圆柱齿轮减速器是一种动力传达机构，是利用齿轮的速度转换器将电机减速到需要的回转数，并得到较大转矩的装置。减速器的上箱体（图 3－1）可以认为是由上述所介绍的多个特征造型构成的。下面利用前面介绍的相关知识，进行减速器上箱体的三维造型构建，重点学习三维设计的基本方法。其操作步骤如下。

1. 创建箱体壳

① 新建实体零件文件，输入名称如"shangxiangti"，选择公制模板，进入零件工作窗口，单击"基础特征"工具栏 按钮，选取 FRONT 平面作为草绘平面，绘制如图 3－50 所示的草图，单击✓按钮退出草绘，单击 按钮右侧下拉箭头，选取两侧拉伸 按钮，输入拉伸长度值为 143，单击☑按钮，完成如图 3－51 所示的特征创建。

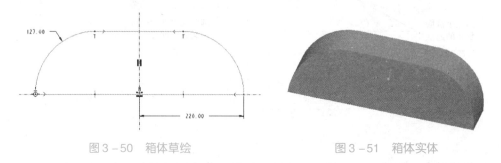

图 3－50　箱体草绘　　　　　图 3－51　箱体实体

② 单击"工程特征"工具栏 按钮，选取实体的下表面，输入抽壳的壁厚值为 12，单击☑按钮，完成如图 3－52 所示的抽壳特征创建。

图 3 - 52　抽壳特征后实体

2. 创建底板

单击"基础特征"工具栏 按钮，选取 TOP 平面作为草绘平面，绘制如图 3 - 53 所示的草图，单击 按钮退出草绘。输入拉伸长度值为 12（注意方向向下），单击 按钮，完成如图 3 - 54 所示的特征创建。

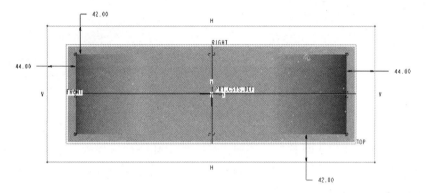

图 3 - 53　底板草绘图

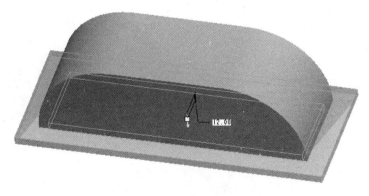

图 3 - 54　创建底板后实体

3. 创建右侧轮廓筋及其孔

① 单击"工程特征"工具栏 按钮右侧的三角箭头，在弹出的二级工具栏上单击 按钮，弹出如图 3 - 55 所示的筋特征操控板，单击 参照 按钮，系统弹出下滑面板，单击 定义 …

57

按钮，弹出"草绘"对话框，选取 FRONT 平面作为草绘平面，单击"草绘"对话框中的 草绘 按钮，绘制如图 3-56 所示的草图，单击 ✔ 按钮退出草绘。在文本框中输入筋厚度值为 16.00，单击 ✔ 按钮，完成如图 3-57 所示的特征创建。

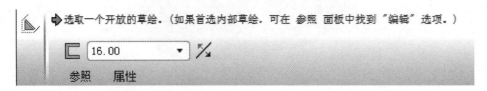

图 3-55　筋特征操控板

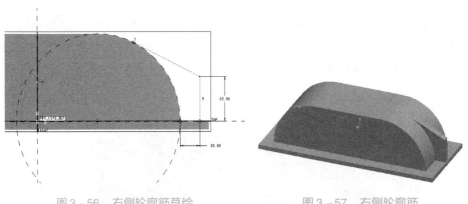

图 3-56　右侧轮廓筋草绘　　　　　图 3-57　右侧轮廓筋

②单击"工程特征"工具栏的 ⊥ 按钮，系统弹出孔特征操控板，单击 放置 按钮，在下滑面板上设置如图 3-58 所示的放置平面和线性偏移参照，模型效果如图 3-59 所示，单击 ✔ 按钮，完成如图 3-60 所示的特征创建。

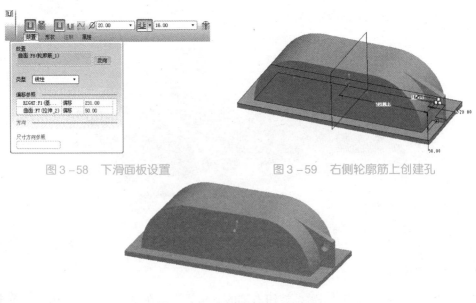

图 3-58　下滑面板设置　　　　　图 3-59　右侧轮廓筋上创建孔

图 3-60　右侧轮廓筋上创建孔

4. 创建左侧轮廓筋及其孔

按住 Ctrl 键选中右侧轮廓筋及其孔特征，单击 按钮，弹出如图 3-61 所示的镜像特征操控板，选择 RIGHT 平面为镜像平面，单击 按钮，完成如图 3-62 所示的特征创建。

图 3-61 镜像特征操控板   图 3-62 左侧轮廓筋及孔

5. 创建倒角、倒圆角特征

① 创建两侧轮廓筋处圆孔的倒角特征：单击"工程特征"工具栏 按钮，弹出倒角特征操控板，按住 Ctrl 键分别选取两侧圆孔的两端边线，选择边倒角方案为 45 x D ，在文本框输入倒角尺寸为1，单击 按钮，完成如图 3-63 所示的特征创建。

② 创建两侧加筋拐角处倒圆角特征：单击"工程特征"工具栏 按钮，弹出圆角特征操控板，按住 Ctrl 键选取如图 3-64 所示的两端拐角边线，在文本框中输入圆角半径值为 35，单击 按钮，完成如图 3-65 所示的特征创建。

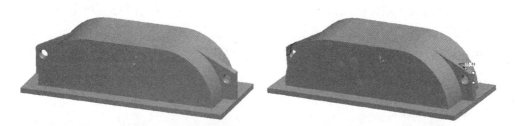

图 3-63 轮廓筋处圆孔倒角   图 3-64 选取两端拐角边线

图 3-65 轮廓筋拐角处倒圆角

③ 创建两侧轮廓筋与箱体结合处倒圆角特征：单击"工程特征"工具栏 按钮，弹出圆角特征操控板，按住 Ctrl 键选取图 3-65 所示两侧轮廓筋与箱体结合处边线，在文本框中输入圆角半径值为 5，单击 按钮，完成如图 3-66 所示的特征创建。

图 3 –66　轮廓筋与箱体结合处倒圆角

④ 创建两侧加筋耳边线倒圆角特征：单击"工程特征"工具栏 按钮，弹出圆角特征操控板，按住 Ctrl 键选取两侧轮廓筋耳边线，在文本框中输入圆角半径值为 1，单击 按钮，完成如图 3 –67 所示的特征创建。

图 3 –67　轮廓筋耳边线倒圆角

⑤ 创建箱体前后边线倒圆角特征：单击"工程特征"工具栏 按钮，弹出圆角特征操控板，按住 Ctrl 键选取箱体前后边线，在文本框中输入圆角半径值为 5，单击 按钮，完成如图 3 –68 所示的特征创建。

⑥ 创建底板四角边线倒圆角特征：单击"工程特征"工具栏 按钮，弹出圆角特征操控板，按住 Ctrl 键选取底板四角边线，在文本框中输入圆角半径值为 40，单击 按钮，完成图 3 –69 所示特征的创建。

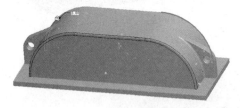

图 3 –68　箱体前后边线倒圆角

图 3 –69　底板四角边线倒圆角

6. 创建前唇体

① 单击"基础特征"工具栏 按钮，选取箱体前表面作为草绘平面，绘制如图 3 –70 所示的草图（注意选取如图 3 –71 所示平面作为参照），单击 按钮退出草绘，输入拉伸长度值为 30，单击 按钮，完成如图 3 –72 所示的特征创建。

② 创建前面左右两边线倒圆角特征：单击"工程特征"工具栏 按钮，弹出圆角特征操控板，选取前面左右两边线，在文本框中输入圆角半径值为 10，单击 按钮，完成如图 3 –73 所示的特征创建。

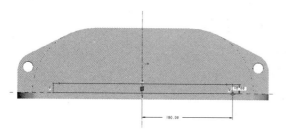

图 3－70　前唇体草绘

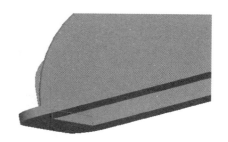

图 3－71　选取参照面

图 3－72　创建前唇体

图 3－73　两边线倒圆角

7. 创建前轴承凸台

① 单击"基础特征"工具栏⊘按钮，选取箱体前表面作为草绘平面，绘制如图 3－74 所示的草图，单击✓按钮退出草绘，输入拉伸长度值为 32，单击✓按钮，完成如图 3－75 所示的特征创建。

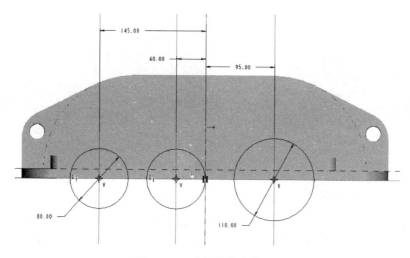

图 3－74　前轴承凸台草图 1

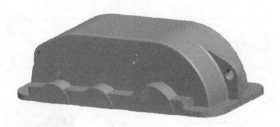

图 3 –75　前轴承凸台实体 1

② 单击"基础特征"工具栏 按钮，选取轴承凸台前表面作为草绘平面，绘制如图 3 – 76 所示的草图，单击 按钮退出草绘。输入拉伸长度值为 42，单击 按钮，移除材料，单击 按钮，完成如图 3 – 77 所示的特征创建。

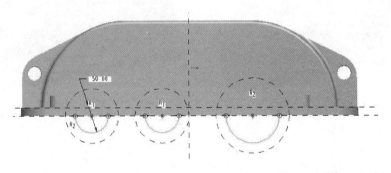

图 3 –76　前轴承凸台草图 2

③ 单击"工程特征"工具栏 按钮，弹出倒角特征操控板，分别选取三个轴承凸台前表面外圆边线，选择边倒角方案为 45 x D ，在文本框输入倒角尺寸为 0.8，单击 按钮，完成图 3 –78 所示倒角特征的创建。

图 3 –77　前轴承凸台实体 2　　　　　图 3 –78　　前轴承凸台创建完成后的实体

8. 创建前唇体上连接孔

① 单击"工程特征"工具栏 按钮，弹出孔特征操控板，单击 放置 按钮，弹出下滑面板，将鼠标指针移至孔的附近位置单击，进行如图 3 –79 所示的设置后，单击 按钮，完成如图 3 –80 所示的特征创建。

② 单击"工程特征"工具栏 按钮，弹出边倒角特征操控板，选取孔的两边线，选择边倒角方案为 45 x D ，输入倒角尺寸为 0.9，单击 按钮，完成图3 –81 所示特征的创建。

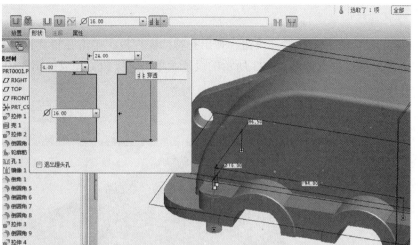

图3-79 前唇体上连接孔设置

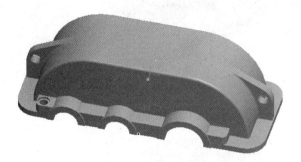

图3-80 创建前唇体上连接孔

图3-81 创建边倒角

③ 单击菜单"编辑"|"特征操作"命令，系统弹出"特征"菜单管理器，依次单击"复制"|"移动"|"从属"|"完成"命令，按住 Ctrl 键，在左侧模型树中选取刚创建的孔和倒角特征，单击鼠标中键完成特征选取。依次单击"平移"|"平面"命令，在工作窗口中选取 RIGHT 面，单击鼠标中键完成平移方向参照面的选取。在弹出的文本框中输入102，单击☑按钮，单击"完成移动"命令，系统弹出"组元素"对话框和"组可变尺寸"菜单管理器，单击"完成"命令，再单击 确定 按钮，最后单击"完成"命令完成孔和倒角特征的平移复制。同理，利用特征复制依次将孔及其倒角特征在 RIGHT 平面方向上分别平移复制213 和354，完成后如图3-82所示。

图3-82 创建前唇体上连接孔

9. 创建轴孔前端面连接孔

① 单击"工程特征"工具栏 ⊔ 按钮，弹出孔特征操控板，单击孔特征操控板上的 放置 按钮，弹出下滑面板，进行如图3-83所示的设置。单击 ✓ 按钮，完成如图3-84所示孔特征的创建。

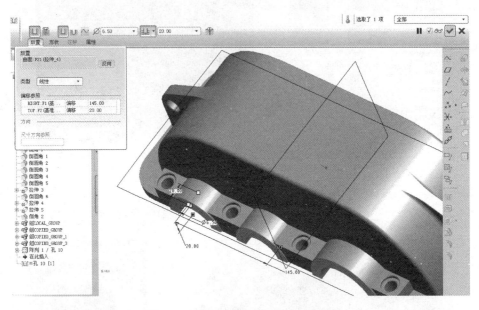

图3-83　轴孔前端面连接孔的设置

图3-84　轴孔前端面连接孔实体1

② 单击模型树选取孔特征，单击"编辑特征"工具栏 按钮，弹出阵列特征操控板，进行如图3-85所示的设置，选取如图3-86所示A_3基准轴，单击 ✓ 按钮，完成图3-87所示特征的创建。

图3-85　阵列特征操控板

③ 重复上述步骤，先创建孔特征，进行如图3-88所示设置，最后用阵列完成如图3-89所示的特征创建。

④ 重复上述步骤，先创建孔特征，进行如图3-90所示的设置，最后用阵列完成如图3-91所示的特征创建。

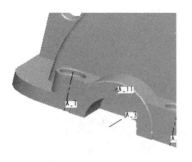

图 3 – 86 A3 基准轴

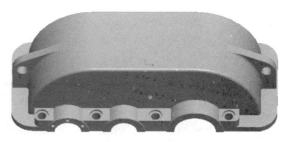

图 3 – 87 轴孔前端面连接孔实体 2

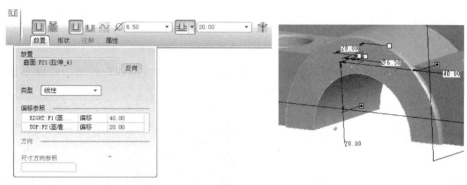

图 3 – 88 轴孔前端面连接孔设置 2

图 3 – 89 轴孔前端面连接孔实体 3

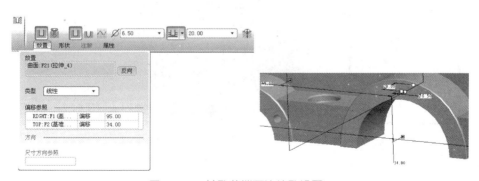

图 3 – 90 轴孔前端面连接孔设置 3

图3-91　创建轴孔前端面连接孔完成后的实体

10. 创建箱体后面唇体、轴承凸台及连接孔

按住 Ctrl 键，从模型树选取上述第 6~9 步创建的所有特征，单击"编辑特征"工具栏
按钮，系统弹出如图 3-92 所示的镜像特征操控板，选取 FRONT 平面为镜像平面，单击
按钮，完成如图 3-93 所示的特征创建。

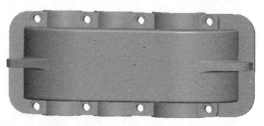

图3-92　镜像特征操控板　　　　　　　　图3-93　镜像特征

11. 创建轴孔端面连接孔的螺纹

① 单击"基准"工具栏的 按钮，系统弹出如图 3-94 所示的"基准平面"对话框，
选取 TOP 平面作为参照，输入偏移"20.00"完成如图 3-95 所示的特征创建。

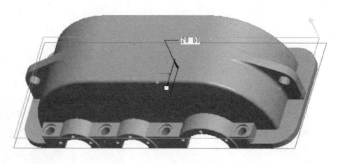

图3-94　"基准平面"　　　　　　图3-95　创建基准平面后的实体
　　　　对话框

② 单击菜单"插入"|"螺旋扫描"|"切口"命令，系统弹出如图 3-96 所示的"切
剪：螺旋扫描"对话框和如图 3-97 所示的"属性"菜单管理器，单击"完成"命令，系
统弹出如图 3-98 所示的"设置草绘平面"菜单管理器，选择之前创建的基准平面为草绘

平面，进入草绘环境绘制如图 3-99 所示的扫描轨迹（注意选取草绘参照和绘制中心线），单击 ✔ 按钮；在系统弹出的文本框中输入节距值为 0.81，单击 ✔ 按钮；截面的草图绘制如图 3-100 所示；单击 ✔ 按钮，确认材料侧方向，如图 3-101 所示；单击 确定 按钮，完成图 3-102 所示特征的创建。

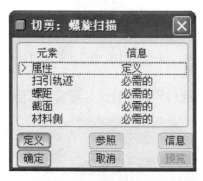

图 3-96 "切剪：螺旋扫描"
对话框

图 3-97 属性

图 3-98 设置草绘平面

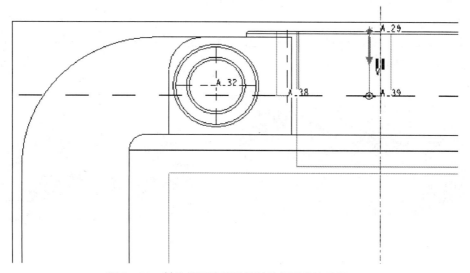

图 3-99 轴孔端面连接孔螺纹的扫描轨迹草绘

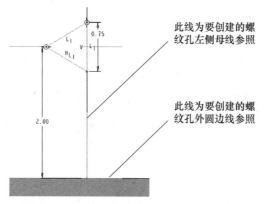

图 3-100 孔端面连接孔螺纹的截面草绘

图3-101 材料侧方向

图3-102 螺纹孔的局部实体

③ 根据上述创建轴孔端面连接孔的方式，利用复制、阵列和镜像特征，完成轴孔端面所有连接孔螺纹特征的创建。

12. 创建底板上的连接孔及圆柱销孔

① 单击"基准"工具栏 ☐ 按钮，弹出"基准平面"对话框，选取 FRONT 平面作为参照，输入偏移"50.00"完成如图3-103所示基准平面特征的创建。

图3-103 创建基准平面特征后的实体

② 使用旋转（移除材料）特征在创建的平面上绘制如图3-104所示的草图，底板第一个连接孔的创建如图3-105所示。

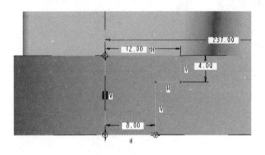

图3-104 底板上的连接孔草绘

图3-105 创建底板上第一个
连接孔后的实体

③ 利用镜像命令，完成底板连接孔的创建，如图3-106所示。

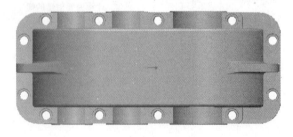

图3-106 底板上的连接孔创建完成后的实体

④ 利用孔特征在底板的两个对角创建如图3-107所示的圆柱销孔，其中孔的直径为10，距离 FRONT 平面为80，距离 RIGHT 平面为230。

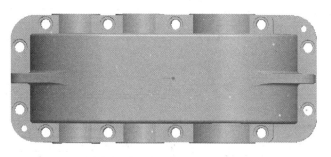

图3-107 创建底板上的连接孔及圆柱销孔完成后实体

13. 创建视孔

① 使用拉伸特征在箱体顶部中心处绘制如图3-108所示的草图,完成如图3-109所示的特征创建。

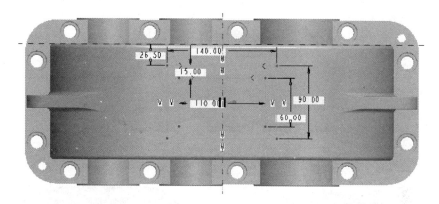

图3-108 视孔草绘

② 使用拉伸特征(移除材料)去除110×60的长方体,完成后如图3-110所示。

图3-109 视孔实体1   图3-110 视孔实体2

③ 对上述特征进行如图3-111所示的倒圆角,完成后如图3-112所示。

④ 在视孔窗口上使用孔特征在距离RIGHT平面为62.5、距离FRONT平面为37.5处创建直径为8的圆孔,如图3-113所示。使用孔和镜像特征完成如图3-114所示特征的创建,整个减速器上箱体的特征全部完成。

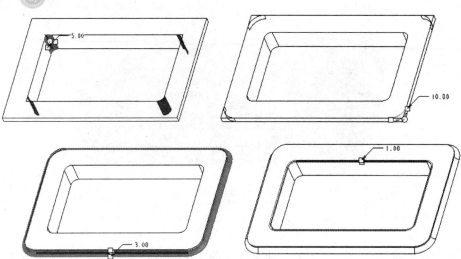

图 3 – 111　视孔实体 2 的倒圆角特征

图 3 – 112　视孔实体 3

图 3 – 113　视孔实体 4

图 3 – 114　减速器上箱体完成后的实体

 项目小结

通过本项目的学习，可以初步达到以下学习效果：

1. 了解新建零件的基本步骤和方法。

2. 掌握 Pro/E 三维实体造型的基本方法。

3. 掌握 Pro/E 三维特征编辑的基本方法。

4. 通过进一步的实践练习，能够熟练掌握 Pro/E 三维实体造型的技巧和方法。

拓展练习

1. 完成图2－1所示的油位计螺纹的部分造型。
2. 利用已学知识完成素材库中减速器下箱体的特征创建。

项目四 Pro/ENGINEER 5.0曲面特征基础

项目概述

曲面主要用来创建具有复杂表面形状的零件，其没有厚度、没有质量和体积的几何特征。曲面建模采用的是用曲面构成物体形状的建模方法。在 Pro/E 中首先采用各种方法建立曲面，然后对曲面进行修剪、切削等工作，之后将多个单独的曲面进行合并，得到一个复杂形状的零件表面。通过对合并的曲面进行实体化，也可以将曲面加厚使之变为实体。

学习目标

※ 掌握曲面编辑的基本方法。
※ 掌握曲面实体化的操作方法。
※ 了解参数化设计的基本方法。
※ 能够综合运用曲面造型方法进行零件三维造型设计。

项目实例——齿轮设计

齿轮是各种机械设备中非常重要的传动零件，齿轮轮齿的截面形状一般为渐开线，如图 4-1 所示，齿轮造型的主要难点在于其齿形设计。本项目中，通过参数化方程先创建渐开线齿形曲线，然后通过该曲线生成齿形曲面，最后通过曲面实体化完成齿轮设计。

知识链接

1. 基本曲面特征的创建

在 Pro/E 中，基本曲面的创建方法有拉伸、旋转、扫描、螺旋扫描、混合、扫描混合、

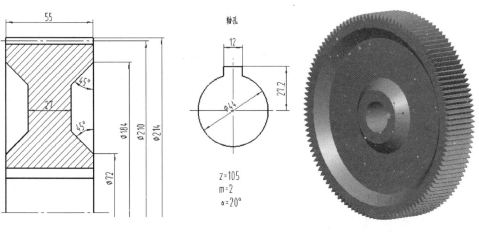

图 4-1 二级从动齿轮

边界混合、可变截面扫描等方法。各种方法与基本实体的创建方法相同，区别在于：创建实体时，草图环必须闭合；而创建基本曲面时，草图环根据需要可以是不闭合的。

2. 曲面特征的编辑

Pro/E 中，使用上述工具创建的曲面特征往往不能满足设计要求，需要进行编辑修改。常用的编辑工具有：曲面偏移、曲面修剪、曲面复制、曲面镜像、曲面延伸、曲面合并等。

（1）曲面偏移

根据已有的曲面或实体曲面来创建新的曲面。

操作方法：选中待偏移的曲面，单击"编辑"|"偏移"，弹出曲面偏移操控面板，单击 黑三角，选择偏移类型，单击 选项 按钮，选择偏移方式，设定偏移数值，点击 ，完成曲面偏移特征创建。

图 4-2 是对长方体左侧面偏移 20 mm 创建新曲面的操作界面及效果预览，结果如图 4-3 所示。如果在选项面板最下方勾选"创建侧曲面"，结果如图 4-4 所示。

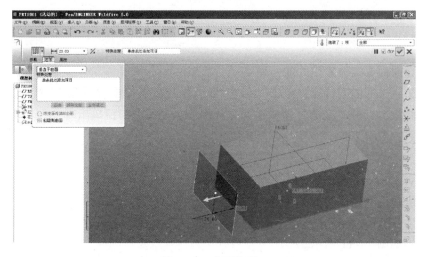

图 4-2 曲面偏移 1

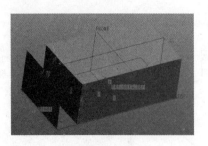
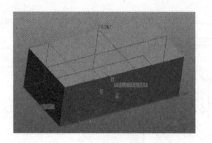

图4-3　曲面偏移2　　　　　　　　　图4-4　曲面偏移3

（2）曲面修剪

使用修剪工具可以完成对曲面的剪切和分割，以获得理想形状和合适尺寸的曲面。

操作方法：选中需要被修剪的曲面，单击"编辑"|"修剪"或点击"编辑特征"工具栏 按钮，系统弹出如图4-5所示的曲面修剪操控面板，选择修剪对象（作为剪刀工具的面组或曲线等），单击操控面板中"修剪方向"按钮 ，选择保留曲面部分（或单击绘图区的黄色箭头，也可改变保留曲面部分），点击"完成"按钮 ，完成如图4-6所示的操作。

图4-5　曲面修剪操控面板

图4-6　曲面修剪

（3）曲面复制

创建已有曲面或实体表面的曲面副本。

操作方法：选取曲面特征，单击"编辑"|"复制"再单击"编辑"|"粘贴"，出现复制选项操控面板，点击"完成"按钮 ，完成操作。在模型树窗口出现"复制1"的曲面特征，如图4-7～图4-9所示。

（4）曲面镜像

创建相对于某一平面投影而产生的与已有曲面外形对称的曲面。

操作方法：选取曲面特征，单击"编辑"|"镜像"（或点击镜像按钮 ），出现镜像操控面板（图4-10），点击"完成"按钮 ，完成操作。在模型树窗口出现"镜像1"的曲面特征，结果如图4-11所示。

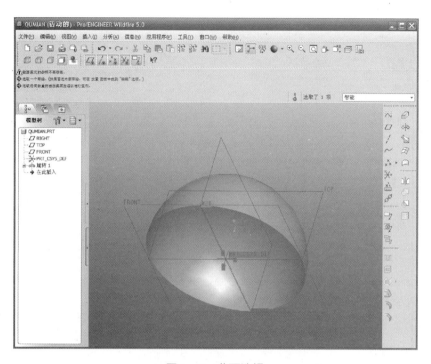

图4-7 曲面选择

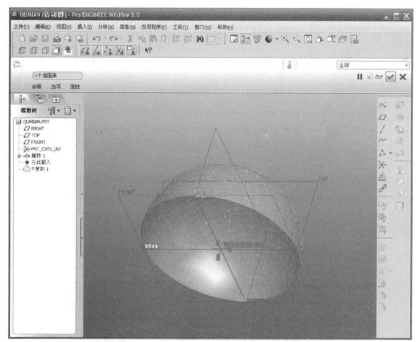

图4-8 曲面复制界面

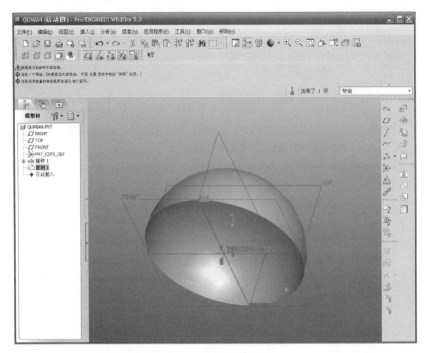

图 4 – 9　曲面复制结果

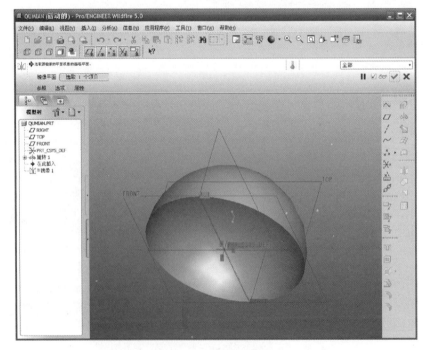

图 4 – 10　曲面镜像界面

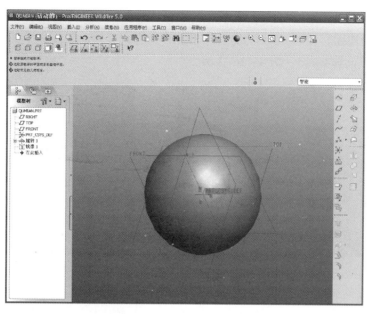

图 4-11　曲面镜像结果

提示：如果在操控面板"选项"下方勾选"隐藏原始几何"，则原来的曲面将会被隐藏（图 4-12）。

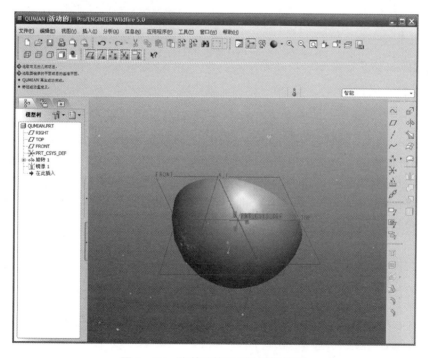

图 4-12　隐藏原始几何的镜像结果

（5）曲面延伸

曲面的大小有时不合适，需要在某个方向延伸曲面，使其能够达到合适的尺寸，覆盖所需的面积。

操作方法：选取曲面上需要延伸的边，单击"编辑"|"延伸"，出现曲面延伸操控面板，选择（沿曲面）或（到平面），点击 选项 ，进行延伸选项设置，点击"完成"按钮 ✔，完成操作，如图4-13~图4-16所示。

图4-13 原始曲面

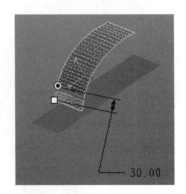

图4-14 延伸边界选择

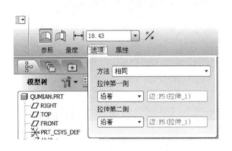

图4-15 "延伸选项"操控面板

图4-16 曲面延伸结果

（6）曲面合并

把多个曲面合并成单一曲面，从而满足产品造型设计的要求。

操作方法：按住Ctrl键，选中如图4-17所示的需要合并的多张曲面，单击"编辑"|"合并"（或者在特征工具栏中单击合并图标），弹出如图4-18所示的曲面合并操控面板，在 选项 中选择"相交"（合并两个相交的曲面，只保留相交之后的曲面部分）或者"连接"（合并两个相邻的曲面），选择两个曲面要保留的部分（分别点击 和 ，或者在造型窗口点击黄色箭头），点击"完成"按钮✔，完成操作。结果如图4-19所示。

图4-17 合并曲面选择

图4-18 曲面合并操控面板

3. 参数化设计基本概念

在进行产品设计过程中，很多时候需要创建一系列的产品，其结构特征、建模方法等非常相似，比如齿轮、螺母等系列化、标准化的产品。在进行产品造型时，可通过对已经设计完成的模型进行简单的参数修改从而获得另一种模型（如圆柱体，通过修改模型的截面直径和圆柱体高度，可获得不同尺寸的圆柱体模型），这就是Pro/E参数化设计的基本思想。

图4-19 曲面合并结果

（1）添加参数

新建文件后，点击"工具"|"参数"，弹出"参数"对话框（图4-20）。

图4-20 "参数"对话框

各参数特性如下。

① "名称"选项下面 DESCRIPTION 和 MODELED_BY 为系统自带的两个字符串参数。点击对话框下方的 ➕ 按钮，为系统添加新的参数，系统自动给出默认名称，可以修改名称（如齿轮的齿数 z）。参数名称必须以字母开头，不能包含非字母或数字的符号。

② 参数的"类型"指整数（如齿轮齿数等）、实数（如齿轮模数等）、字符串、注释等几种。

③ 参数的"值"指参数的相关数值等（如齿轮的模数2.5）。

④ "指定"复选框勾选后，该参数对于数据管理系统可见。

（2）删除参数

选中某参数后，点击"参数"对话框下方的 ➖ 按钮，则删除该参数。

提示：不能删除由关系驱动的或在关系中使用的参数。要删除该参数，必须先删除与该参数相关的关系。

（3）添加关系

相关参数通过关系式联系在一起。如齿轮分度圆直径 d 与齿轮模数 m、齿数 z 之间通过关系式 $d = mz$ 联系在一起。

添加关系的方法：点击"工具"｜"关系"，弹出"关系"对话框（图 4 – 21）。在对话框的关系式显示、编辑区可以添加、修改参数关系式。

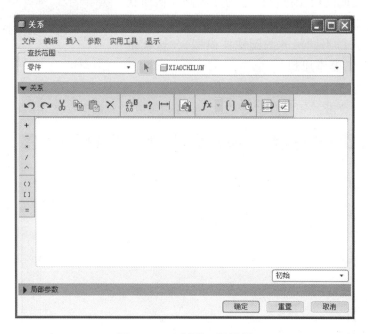

图 4 – 21　"关系"对话框

项目实施

齿轮设计的基本过程：创建分度圆、齿顶圆、齿根圆、基圆曲线→创建齿面渐开线→创建齿形曲面→合并曲面→曲面实体化等。

1. 新建零件 chilun3. prt

2. 创建齿轮的 4 个基本圆

① 单击基准工具中的 选择 FRONT 面作为草绘平面，其余接受默认设置。绘制 1 个圆，尺寸任意，画好退出。双击特征树栏"草绘 1"名称，修改为"d"（表示分度圆）。

② 按照上述同样方法再创建 3 个草绘，分别命名为"da""df"和"db"（分别表示齿顶圆、齿根圆和基圆）。

③ 添加齿轮参数。点击"工具"｜"参数"，弹出"参数"对话框。单击 按钮，添加参数行，将齿轮的各参数按照图 4 – 22 所示依次添加到参数列表中。单击"确定"按钮，完成参数的添加。

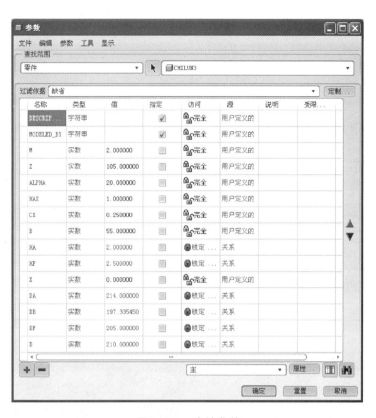

图 4 – 22　齿轮参数

④ 通过添加参数关系式来确定齿轮的基本圆尺寸。

·选择菜单"工具/关系"选项，弹出"关系"对话框。在对话框的关系式显示、编辑区添加如下公式。

$ha = (hax + x) * m$

$hf = (hax + cx - x) * m$

$d = m * z$

$da = d + 2 * ha$

$db = d * \cos(alpha)$

$df = d - 2 * hf$

点击草绘区分度圆的外径尺寸符号（如 sd0），将其添加到"关系"对话框中，在对话框中编辑关系式 sd0 = d，单击对话框中的☑按钮，校验关系式。完成后点击"确定"按钮，将分度圆直径和参数 d 相关联。

·按照同样方法，分别将齿顶圆、齿根圆、基圆直径和参数 da、df、db 相关联。最终关系结果如图 4 – 23 所示。

添加关系后，4 个基本圆的形状如图 4 – 24 所示。

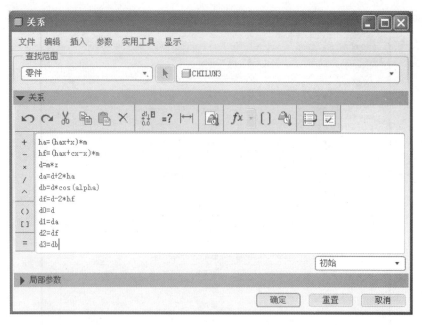

图4-23 齿轮关系

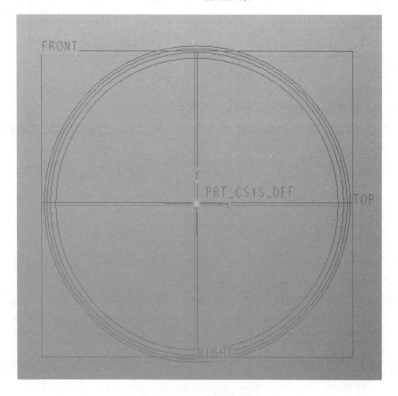

图4-24 4个圆的形状

3. 创建齿廓曲线（渐开线）

① 点击 按钮，打开"曲线选项"菜单管理器（如图4-25），选择"从方程"|"完

成"指令。弹出"菜单管理器"对话框（图4-26），提示选取坐标系。在草绘区选取默认坐标系，然后在"设置坐标类型"对话框中选择"笛卡尔"选项（图4-27），系统打开一个记事本编辑器。

在记事本中添加如图4-28所示关系式（渐开线方程），关系式添加完成后保存、关闭记事本窗口。

② 单击图4-26所示的"曲线：从方程"对话框中的 确定 按钮。

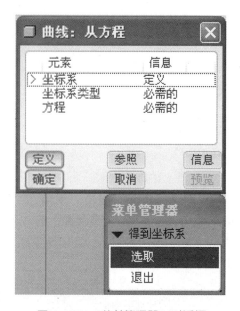

图4-25　"曲线选项"菜单管理器　　　　图4-26　"菜单管理器"对话框

图4-27　"设置坐标类型"对话框　　　　图4-28　"记事本"窗口

4. 创建齿形曲面

① 点击特征工具栏 按钮，在"拉伸"操控面板中点击"拉伸为曲面"按钮 ，单击"放置"，弹出"定义"对话框，选择基准平面FRONT面为草绘平面，接受默认参照进入草绘模式。

② 点击"使用边"按钮 ⊡，在草绘区选择上一步创建的渐开线曲线，得到用来拉伸齿面的曲线草绘（图4-29）。

③ 单击✓按钮，完成草绘。在拉伸操控面板中输入拉伸深度为"b"，系统提示"是否要添加 b 作为特征关系?"，点击 是(Y)，再点击✓，完成齿面拉伸。结果如图4-30所示。

图4-29 用来拉伸齿面的曲线草绘

5. 延伸齿形曲面

选取图4-31所示的边，点击"编辑"|"延伸"，出现曲面延伸操控面板，选择 ⊟（沿曲面），点击 选项，进行延伸选项设置，输入延伸长度为"df/2"，系统提示"是否要添加 df/2 作为特征关系"（图4-32），点击 是(Y)，再点击"完成"按钮✓，完成操作。结果如图4-33所示。

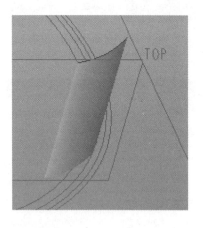

图4-30 拉伸结果

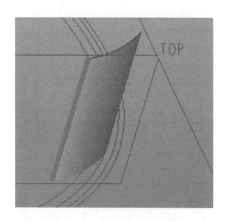

图4-31 选择边

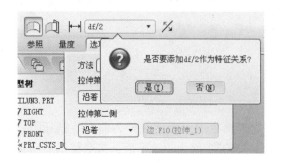

图4-32 进行延伸选项设置

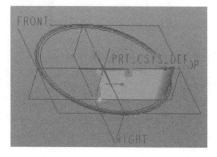

图4-33 延伸结果

6. 创建基准

（1）创建基准点

单击基准工具栏"创建基准点"按钮，出现"基准点"对话框，按住 Ctrl，点击绘图区分度圆曲线和渐开线曲线，在两曲线交点处出现基准点"PNT0"（图 4 – 34）。点击 确定 ，完成基准点创建。

图 4 – 34 "基准点"对话框

（2）创建基准轴

单击基准工具栏"创建基准轴"按钮，出现"基准轴"对话框，按住 Ctrl 键，选择 TOP 和 RIGHT 两个基准平面为参照，在两平面交线处出现基准轴"A_1"（图 4 – 35）。点击 确定 ，完成基准轴创建。

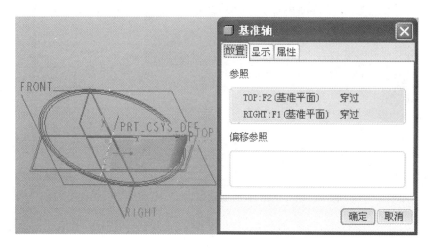

图 4 – 35 "基准轴"对话框

（3）创建基准平面 1

单击基准工具栏"创建基准平面"按钮，出现"基准平面"对话框，按住 Ctrl，选择基准点 PNT0 和基准轴 A_1 作为参照，点击 确定 ，完成基准平面 1 的创建，如图 4 – 36 所示。

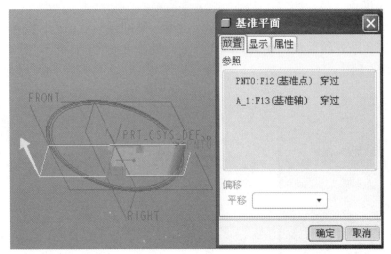

图 4 – 36　创建基准平面 1

（4）创建基准平面 2

单击基准工具栏"创建基准平面"按钮▱，出现"创建基准平面"对话框，按住 Ctrl 键，选择基准轴 A_1 和基准平面 DTM1 作为参照，在"旋转"输入旋转角度为"90/z"，系统提示"是否要添加 90/z 作为特征关系?"，点击 是(Y) ，再点击 确定 ，完成基准平面 2 的创建，如图 4 – 37 所示。

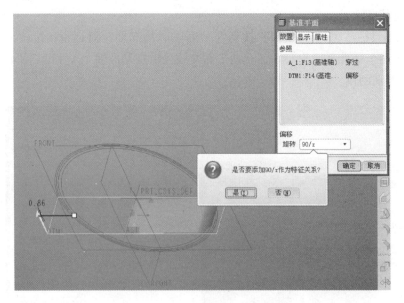

图 4 – 37　创建基准平面 2

7. 镜像曲面

选取前面创建的曲面为镜像对象，点击"镜像"按钮⚏，打开"镜像"操控面板，选择基准平面 DTM2 作为镜像平面，点击"确定"按钮✓，完成曲面镜像，如图 4 – 38 所示。

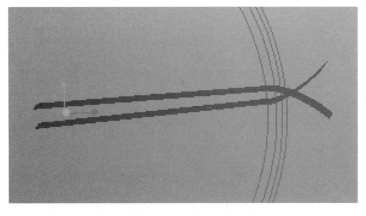

图4-38　曲面镜像

8. 合并曲面

按住 Ctrl 键，选中镜像前后的两个曲面为合并对象，单击"编辑"|"合并"（或者在特征工具栏中单击合并图标），弹出曲面合并操控面板，在 选项 中选择"相交"，分别点击 和 ，选择两个曲面中要保留的部分，点击"完成"按钮，完成操作。结果如图4-39所示。

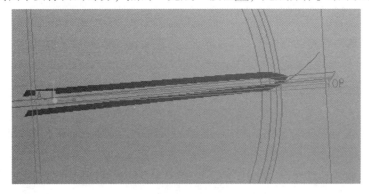

图4-39　曲面合并

9. 阵列面组

① 选取上一步合并后的面组，单击菜单栏"编辑""复制""选择性粘贴"，弹出选择性粘贴操控面板。选择粘贴方式为"轴（ ）"，添加"360/z"为特征关系（如图4-40），单击 按钮，完成面组复制。结果如图4-41所示。

图4-40　选择性粘贴操控面板

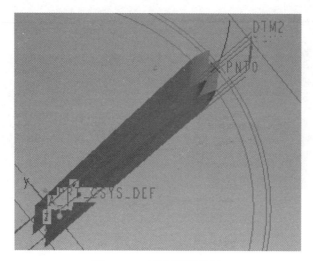

图4-41　面组复制结果

②选取上一步复制后的面组，单击右侧工具栏"阵列"按钮▦，弹出阵列操控面板（图4-42）。选择阵列方式为"尺寸"，并选择角度3.43°为驱动尺寸（图4-43），单击✔按钮，完成面组阵列。结果如图4-44所示。

图4-42　阵列操控面板

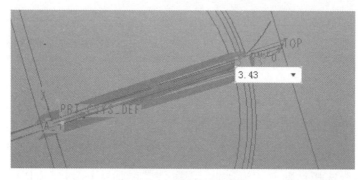

图4-43　驱动尺寸选择

图4-44　阵列结果

③ 单击菜单栏"工具"|"关系",打开"关系"对话框,点击图形区刚创建的阵列曲面,再点击阵列特征数量尺寸(图4－45,本项目中是p131),将其添加到关系对话框中,并赋予关系"p131＝z－1"(图4－46),点击 确定 ,点击编辑工具栏"再生"按钮 ,再生模型,结果如图4－47所示。

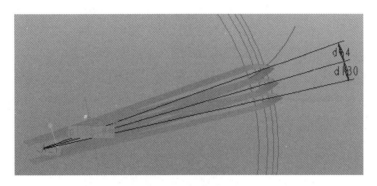

图4－45 选取建立关系尺寸

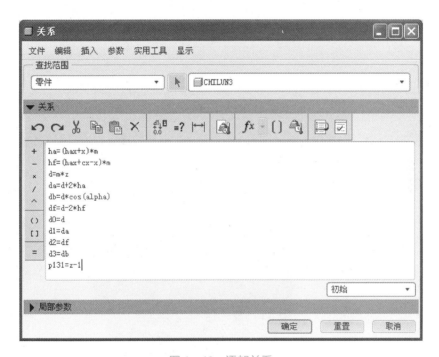

图4－46 添加关系

10. 创建齿根圆拉伸曲面

选中特征树下名称为"DF"的草绘,在特征工具栏点击拉伸工具按钮 ,弹出拉伸操控面板,选择"拉伸为曲面" ,设置拉伸深度为"b"(齿轮厚度),系统弹出"是否要添加b作为特征关系?"提示框(图4－48),点击 是(Y) ,再点击 完成操作。结果如图4－49所示。

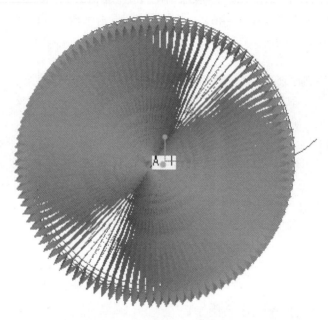

图 4 –47　再生结果

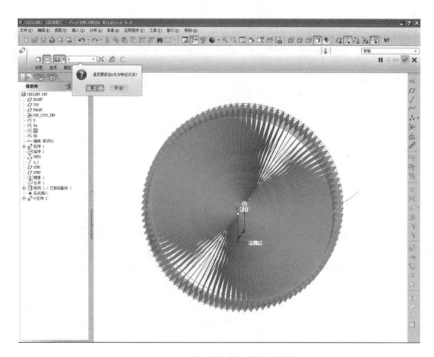

图 4 –48　齿根圆曲面拉伸设置

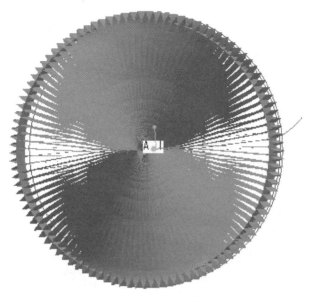

图 4 – 49　齿根圆曲面拉伸结果

11. 合并面组

① 选取阵列后的第一个曲面特征和齿根圆曲面（图 4 – 50），单击编辑特征工具栏"曲面合并"按钮 📄，确定保留面组侧（图 4 – 51），点击 ☑ 完成。结果如图 4 – 52 所示。

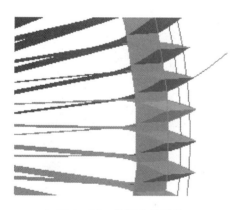

图 4 – 50　选取合并对象

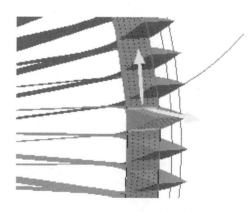

图 4 – 51　保留面组侧

② 选取第一个合并对象和刚合并的面组（图 4 – 53），再次合并。结果如图 4 – 54所示。

12. 阵列合并面组

在模型树栏最下方刚创建的合并特征上右击，在弹出的快捷菜单中选择"阵列"命令（图 4 – 55），出现"创建参照阵列"操控面板，在面板右侧点击 ☑。结果如图 4 – 56 所示。

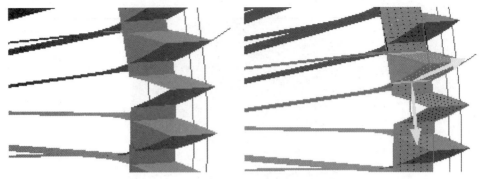

图4-52　合并结果　　　　　　　图4-53　二次合并曲面及方向选择

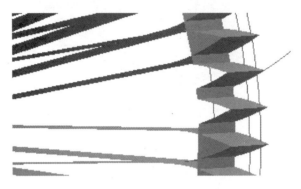

图4-54　二次合并结果

图4-55　阵列操作

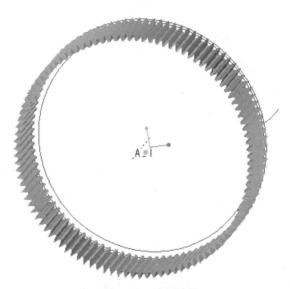

图4-56　阵列结果

13. 创建齿顶圆曲面

选中特征树下名称为"DA"的草绘，在特征工具栏点击拉伸工具按钮 ，弹出拉伸操控面板，选择"拉伸为曲面" ，设置拉伸深度为"b"（齿轮厚度），系统弹出"是否要

添加 b 作为特征关系?"提示框,点击 是(Y),单击"选项",勾选"封闭端"(图 4 – 57),
点击✓完成。结果如图 4 – 58 所示。

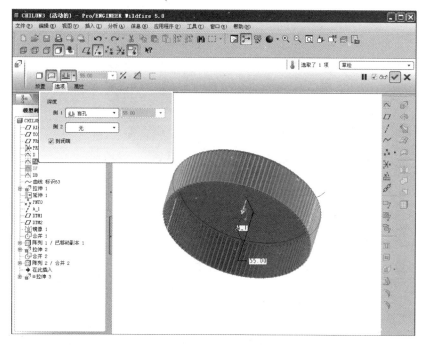

图 4 – 57 创建齿顶圆曲面

14. 合并曲面

在过滤器中设置选取对象为"面组",选中前面创建的合并曲面和齿顶圆曲面(图 4 –
59),单击合并命令按钮⬚,点击操作区黄色箭头确定面组保留侧,点击✓完成操作。结果
如图 4 – 60 所示。

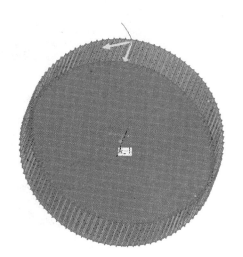

图 4 – 58 齿顶圆曲面创建结果

图 4 – 59 曲面合并操作

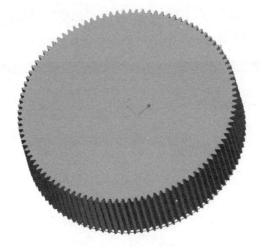

图 4 –60　合并结果

15. 实体化模型

选取上一步所创建的齿轮曲面模型，单击菜单栏"编辑"|"实体化"，点击☑完成操作。

16. 完成造型

用拉伸除料和旋转除料的方法完成轴孔、键槽及齿轮两侧的特征创建，隐藏基本圆及渐开线曲线，最终结果如图 4 –61 所示。

图 4 –61　造型结果

项目小结

　　本项目重点对曲面特征的编辑方法进行了介绍，在项目实施过程中，以直齿圆柱齿轮的创建过程为项目实例，对曲面特征的各种创建、编辑方法以及 Pro/E 的参数化设计的基本方法进行了综合的运用。通过本项目的学习，可以初步掌握曲面特征的创建、编辑方法以及 Pro/E 的参数化设计的基本方法。

拓展练习

　　1. 试修改项目实例中齿轮的相关参数（模数 m、齿数 z、宽度 B），观察齿轮形状的变化，从而进一步理解参数化设计的优点、重要性。

　　2. 综合利用项目三、项目四所学知识，完成素材库中齿轮轴1、齿轮轴2的三维造型设计。

项目五　Pro/ENGINEER 5.0数控加工基础

项目概述

Pro/E 是 CAD/CAM/CAE 一体化软件。在 CAM 方面，Pro/E 数控加工模块即 Pro/E NC 包括铣削加工、车削加工、钻削加工、电火花线切割及高级加工等类型机床的加工模块。本项目以减速器箱体零件铣削加工实例来引导读者掌握 Pro/E NC 数控加工中的常用铣削加工方法。

学习目标

※ 掌握 Pro/E NC 加工基础知识。
※ 掌握 Pro/E NC 自动编程的基本操作。
※ 掌握 Pro/E NC 铣削常用的加工方法。
※ 掌握 Pro/E NC 后置处理方法。

项目实例——减速器箱体零件铣削加工

图 5−1 所示下箱体为二级齿轮箱中一个相对较复杂的箱体零件。本项目在加工过程中设置铣削加工工序，选择两轴数控铣床进行加工，并设置相应的坐标系和退刀面。在 NC 序列设置中，分别选择"表面""腔槽""曲面铣削"和"钻孔"的加工方法。加工设置时，主要设置铣削加工的进给速度、主轴的转速、步进深度、刀具定向等。对加工的 NC 序列进行输出、查看加工文件等后置处理。

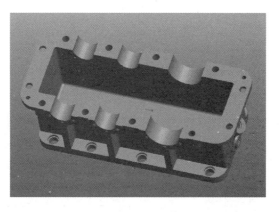

图 5 - 1　下箱体

知识链接

1. Pro/E NC 的工作界面介绍

Pro/E 5.0 各个模块的工作界面比较相似，都采用一个单一的操作窗口，当用户进行相关操作后，会显示不同的菜单和对话框内容。启动 Pro/E 5.0 后，单击菜单"文件"|"新建"或单击工具栏中的 按钮，系统弹出如图 5 - 2 所示的"新建"对话框。在"类型"栏中选择"制造"项，在"子类型"栏中选择"NC 组件"项，在"名称"文本框中输入新建制造文件名称，不勾选"使用缺省模板"复选框，单击 确定 按钮，弹出如图 5 - 3 所示的"新文件选项"对话框。选中"mmns_mfg_nc"模板，单击 确定 按钮，即可进入如图 5 - 4 所示的数控加工界面。

图 5 - 2　"新建"对话框　　　　　　　图 5 - 3　"新文件选项"对话框

标题栏　　菜单栏　　　工具栏　　　信息区　　绘图区　　过滤器

模型树

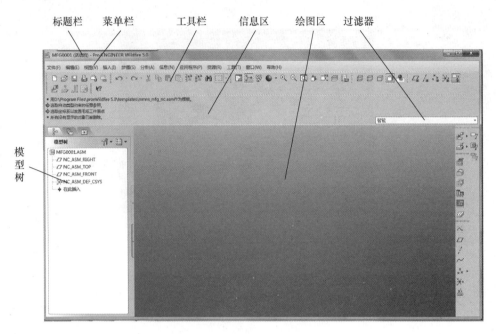

图 5 - 4　数控加工界面

2. Pro/E NC 的基本概念

（1）参照模型

参照模型即零件，是所有加工操作的基础，它表示最终的产品。通常情况下，可在"零件"模式下创建，也可直接在"制造"模式下创建。

（2）工件

工件即工程上所说的毛坯，是加工操作的对象，它能够表示未经过材料切除的棒料、铸件等。通常情况下，工件可以在"零件"模式下创建，也可直接在"制造"模式下创建。

（3）制造模型

制造模型由参照模型和工件组合而成，即零件和毛坯。随着加工制造的进行，可在毛坯上模拟材料切削的过程，加工结束时，工件几何应与参照模型的几何一致。

3. Pro/E NC 加工工艺流程

Pro/E NC 加工流程与实际加工的逻辑思维相同，基本流程为定义加工的参照模型、定义工件、装配夹具、定义机床、给定加工参数进行逐步仿真加工、数据后处理等。其加工工艺流程如图 5 -5 所示。

4. Pro/E NC 加工的基本操作

（1）制造模型设置

① 建立新 NC 文件。进入制造用户界面后，单击"插入"|"参照模型"|"装配"命令或单击"制造元件"工具栏 的三角箭头，弹出二级工具栏 ，单击 按钮，系统弹出如图 5 -6 所示的"打开"对话框，在文件列表框中选中设计模型，单击 确定 按钮，将设计模型使用"缺省方式"装配到 Pro/E NC 环境中。

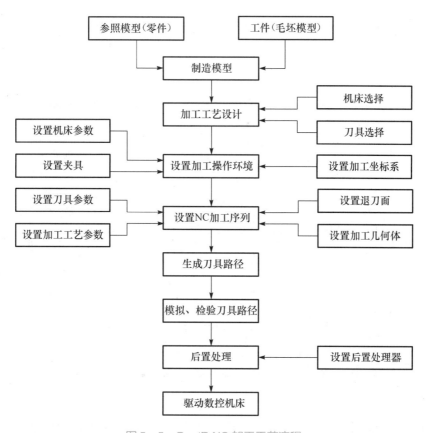

图 5-5 Pro/E NC 加工工艺流程

图 5-6 "打开"对话框

② 建立毛坯。单击"插入"|"工件"|"自动"命令或单击"制造元件"工具栏 ━━ 的三角箭头，弹出二级工具栏 ━━━━━，单击 ━ 按钮，再单击 ━ 按钮，进入毛坯创建环境中。

（2）加工操作设置

① 定义操作名称。单击"步骤"|"操作"命令，系统弹出如图5-7所示的"操作设置"对话框，可对加工所用的机床类型、夹具的类型、加工坐标系和退刀面等进行设置。

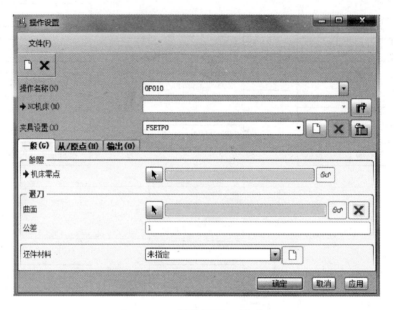

图5-7 "操作设置"对话框

"从/原点"选项卡（图5-8）：用于设置加工路径起始点和结束点的位置。

图5-8 "从/原点"选项卡

"输出"选项卡（图5-9）：用于设置加工过程中优先输出的选项。

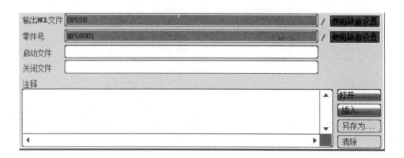

图5-9 "输出"选项卡

② 机床设置。单击 图标，打开如图5-10所示的"机床设置"对话框，即可设置机床相关参数，单击 确定 按钮完成机床设置。

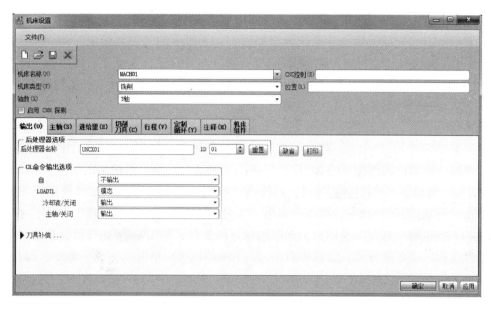

图 5 - 10　"机床设置"对话框

③ 定义机床零点。首先单击"基准"工具栏中的 ⚒ 按钮，系统弹出如图5-11所示的"坐标系"对话框，通过点、线、面的方法选取设计模型当中作为编程原点的那一个点，然后选择"方向"选项卡，选取线或面，调整 X、Y、Z 轴方向，完成坐标系设置。在"操作设置"对话框的"参照"选项组中，单击"机床零点"后的 ▶ 按钮，选择前面创建的坐标系即完成机床零点的定义。

④ 定义退刀平面。在"操作设置"对话框的"退刀"选项组中，单击"曲面"后的 ▶ 按钮，系统弹出如图 5 - 12 所示的"退刀设置"对话框，选

图 5 - 11　"坐标系"对话框

取所需的参照并设定方向，输入退刀值，然后单击 确定 按钮，完成退刀设置。

图 5 - 12　"退刀设置"对话框

(3)创建 NC 序列

单击菜单"步骤"|"端面"命令,系统弹出如图5-13所示的"NC 序列"菜单管理器,适当设置后单击"完成"命令,系统弹出如图5-14所示的"刀具设定"对话框,适当设置后单击 **应用** 按钮,再单击 **确定** 按钮完成刀具设定,系统弹出如图5-15所示的"编辑序列参数"对话框,必须设置"跨度""切削进给""步长深度""主轴速率""安全距离"方可单击 **确定** 按钮,完成序列创建。

(4)后置处理

单击菜单"工具"|"CL 数据"|"编辑"命令,系统弹出如图5-16所示的"选取特征"菜单管理器,选取前面创建好的 NC 序列,单击"确认"命令,系统弹出如图5-17所示的"保存副本"对话框,单击 **确定** 按钮,系统弹出如图5-18所示的"文件视图"菜单管理器,单击"完成/返回"命令,再单击菜单"工具"|"CL 数据"|"后处理"命令,系统弹出如图5-19所示的"打开"对话框,选取刚保存的文件,单击 **打开** 按钮,系统弹出"后置期处理选项"菜单管理器,选择如图5-20所示的选项后单击"完成"命令,即将 CL 数据保存至工作目录下。

图5-13 "NC 序列"

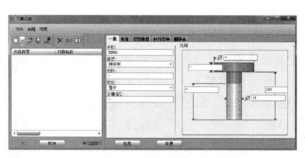

图5-14 "刀具设定"对话框

图5-15 "编辑序列参数"对话框

图 5-16　"选取特征"　　　图 5-17　"保存副本"对话框　　　图 5-18　"文件视图"

图 5-19　"打开"对话框　　　　　图 5-20　"后置期处理选项"

项目实施

以下利用上述基础知识，进行项目实例操作。

1. 建立数控加工文件

① 启动 Pro/E 5.0 后，单击菜单"文件"|"新建"或单击工具栏中的□按钮，系统弹出如图 5-21 所示的"新建"对话框。

② 在"类型"栏中选择"制造"项，在"子类型"栏中选择"NC 组件"项，在"名称"文本框中输入新建制造文件名称 xixue，不勾选"使用缺省模板"复选框，单击 确定 按钮，弹出如图 5-22 所示的"新文件选项"对话框。

③ 选中"mmns_mfg_nc"模板，单击 确定 按钮，进入制造用户界面。

2. 创建制造模型

（1）参照模型

① 进入制造用户界面后，单击"插入"|"参照模型"|"装配"命令或单击"制造元件"工具栏 的三角箭头，弹出二级工具栏 ，单击 按钮，系统弹出如图 5-23 所示的"打开"对话框。

图5-21 "新建"对话框　　　　　图5-22 "新文件选项"对话框

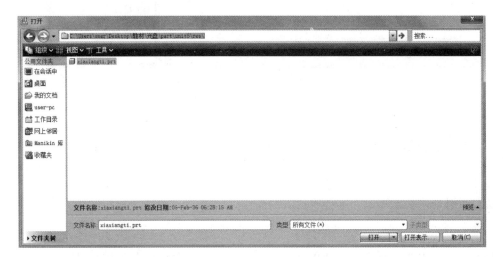

图5-23 "打开"对话框

②在文件列表框中选中"\part\unit5\res\xiaxiangti.prt"设计模型，单击 确定 按钮，系统弹出如图5-24所示的装配操控板。

图5-24 装配操控板

③单击 自动 右侧的下拉箭头，选中 缺省 后单击 ✔ 按钮，将设计模型 xiaxiangti.prt 装配到 Pro/E NC 环境中。

（2）工件

①单击"插入"|"工件"|"创建"命令或单击"制造元件"工具栏 ✎ 的三角箭头，弹

出二级工具栏，单击📇按钮，系统弹出如图 5 - 25 所示的 "输入零件名称" 对话框。

输入零件 名称 [PRT0001]:	
maopi	✓ ✗

图 5 - 25 "输入零件名称" 对话框

② 输入所创建的工件的文件名 maopi，单击✓按钮。系统弹出如图 5 - 26 所示的 "特征类" 菜单管理器。

③ 单击 "伸出项" 命令，系统弹出如图 5 - 27 所示的 "实体选项" 菜单管理器。

图 5 - 26 "特征类"　　　　　　　　　　　　　　　图 5 - 27 "实体选项"

④ 单击 "完成" 命令，系统弹出如图 5 - 28 所示的拉伸操控板。

图 5 - 28 拉伸操控板

⑤ 单击放置按钮，系统弹出 "草绘" 下滑面板。

⑥ 单击定义按钮，系统弹出如图5 - 29 所示的 "草绘" 对话框。

⑦ 选取 xiaxiangti 上表面作为草绘平面，单击鼠标中键，系统弹出如图 5 - 30 所示的 "参照" 对话框。

⑧ 选取如图 5 - 31 所示 4 条零件的边为参照，单击关闭(C)按钮，在草绘界面中绘制如图 5 - 32 所示的矩形，单击✓按钮，系统弹出拉抻操控板。

图 5 - 29 "草绘" 对话框

图 5-30 "参照"对话框

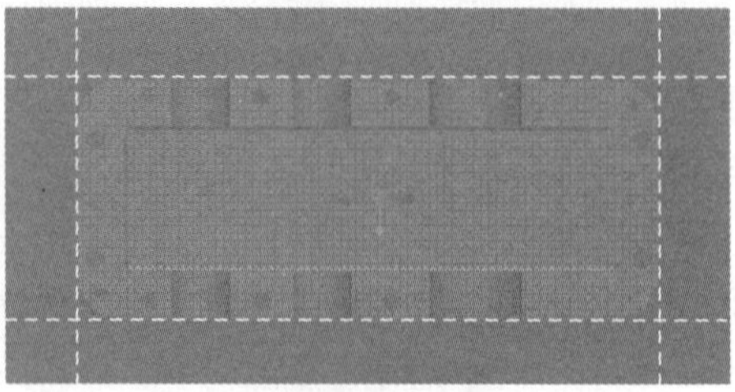

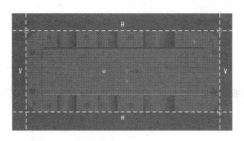

图 5-31 草绘参照

图 5-32 草绘图形

⑨ 单击 按钮右侧的下拉箭头,单击 按钮后,选取 xiaxiangti 下表面,单击 按钮完成工件创建,即完成制造模型的装配。

3. 操作设置

(1) 定义操作名称

单击"步骤/操作"命令,系统弹出如图 5-33 所示的"操作设置"对话框。在"操作名称"文本框中输入"OP010"。

![图5-33 操作设置对话框]

图 5-33 "操作设置"对话框

(2) 机床设置

单击 图标,系统弹出如图 5-34 所示的"机床设置"对话框,在"机床名称"文本框中输入"MACH01"，机床类型选择"铣削"，在"主轴"选项卡中设置主轴最大速度"5 000"，单击 确定 按钮完成机床设置。

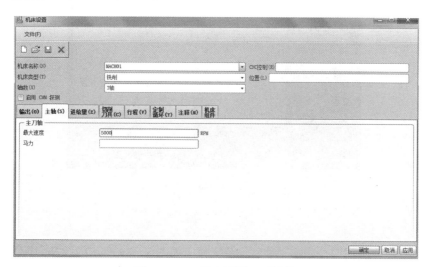

图 5-34　"机床设置"对话框

（3）定义机床零点

① 单击"基准"工具栏中的 ※ 按钮，系统弹出如图 5-35 所示的"坐标系"对话框。

② 选取如图 5-36 所示的工件顶点作为参照，然后选择"方向"选项卡，选取轴/线/面，调整 X、Y、Z 轴方向，如图5-37所示，完成坐标系设置。

③ 在"操作设置"对话框的"参照"选项组中，单击"机床零点"后的 按钮，在模型树中选择前面创建的坐标系即完成机床零点的定义。

图 5-35　"坐标系"对话框

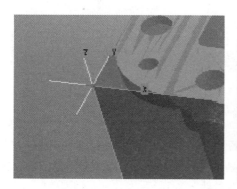

图 5-36　创建坐标系

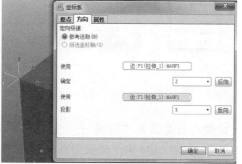

图 5-37　坐标系调整

（4）定义退刀平面

在"操作设置"对话框的"退刀"选项组中，单击"曲面"后的 按钮，系统弹出如图 5-38 所示的"退刀设置"对话框，选取工件上表面，输入退刀值，然后单击 确定 按钮，完成退刀平面设置。

图 5 - 38 "退刀设置"对话框

4. 表面铣削

① 单击菜单"步骤"|"端面"命令，系统弹出如图 5 - 39 所示的"NC 序列"菜单管理器，勾选"刀具""参数""加工"几何选项。单击"完成"命令，系统弹出如图 5 - 40 所示的"刀具设定"对话框。

图 5 - 39
"NC 序列"

图 5 - 40 "刀具设定"对话框

② 设置刀具类型为"端铣削"，输入刀具名称为"T0001"，刀具长度为100，刀具直径为60，单击 应用 按钮，显示刀具名称和刀具尺寸，最后再单击 确定 按钮，完成刀具设定，系统弹出如图 5 - 41 所示的"编辑序列参数"对话框。

③ 设置"跨度 = 30""切削进给 = 100""步长深度 = 1""主轴速率 = 800""安全距离 = 50"后方可单击 确定 按钮，从而系统会弹出如图 5 - 42 所示的"曲面"对话框。

④ 选取如图 5 - 42 所示的参照模型上表面作为加工平面，单击 ✔ 按钮。

⑤ 单击如图 5 - 43 所示的"NC 序列"菜单管理器中的"播放路径"命令。单击"播放路径"下的"屏幕演示"命令，系统弹出如图 5 - 44 所示的"播放路径"对话框。

图 5－41　"编辑序列参数"对话框

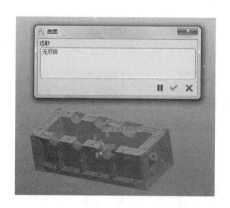

图 5－42　选取加工平面

图 5－43　"NC 序列"菜单管理器

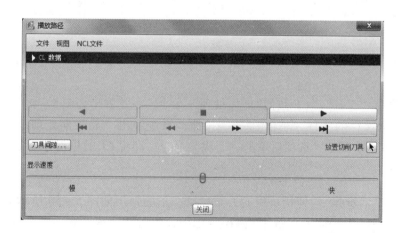

图 5－44　"播放路径"对话框

⑥ 单击"播放路径"对话框中的 ▶ 按钮，屏幕上显示模拟加工的过程。模拟结束后，单击"播放路径"对话框中的 关闭 按钮，再单击"NC 序列"菜单管理器中的"完成序列"命令，完成序列设置。

⑦ 单击菜单"工具"|"CL 数据"|"编辑"命令，系统弹出如图5-45所示的"选取特征"菜单管理器。

图5-45 "选取特征"菜单管理器

⑧ 在左侧模型树中选取"端面铣削"NC 序列，单击鼠标中键，系统弹出如图5-46所示的"保存副本"对话框；单击确定按钮，系统弹出如图5-47所示的"文件视图"菜单管理器；单击"完成/返回"命令。

图5-46 "保存副本"对话框

图5-47 "文件视图"
菜单管理器

⑨ 单击菜单"工具"|"CL 数据"|"后处理"命令，系统弹出如图5-48所示的"打开"对话框，选取刚保存的文件，单击打开按钮，系统弹出"后置期处理选项"菜单管理器，选择如图5-49所示的选项后单击"完成"命令，即将 CL 数据保存至工作目录下。

5. 腔槽加工

① 单击菜单"步骤"|"体积块粗加工"命令，系统弹出如图5-50所示的"NC 序列"菜单管理器，勾选"刀具""参数""体积"选项，单击"完成"命令，系统弹出如图5-51所示的"刀具设定"对话框。

② 输入刀具名称为"T0002"，设置刀具类型为"铣削"，刀具长度为"100"，刀具直径为"16"，单击应用按钮，显示刀具名称和刀具尺寸，最后再单击确定按钮，完成刀具设定，系统弹出如图5-52所示的"编辑序列参数"对话框。

图5-48　"打开"对话框　　　　　图5-49　"后置期处理选项"

③ 设置"跨度 = 8""切削进给 = 100""步长深度 = 8""主轴速率 = 1 200""安全距离 = 50"，单击 确定 按钮完成参数设置，系统弹出"NC 序列"菜单管理器。

④ 单击"MFG 几何特征"工具栏上的 按钮，创建体积块。单击"基础"工具栏上 按钮，系统弹出如图5-53 所示的拉伸操控板。单击 放置 按钮，系统弹出草绘面板。单击 定义... 按钮，系统弹出"草绘"对话框。在模型表面上按住右键，系统弹出如图5-54 所示的菜单，选取如图5-55 所示的平面为草绘平面，选取如图5-56 所示的四个平面为参照。绘制如图5-57 所示的截面，单击 ✔ 按钮，再单击拉伸操控面板上的 按钮右侧的下拉箭头，单击 按钮，选取拉伸到下箱体上表面，再单击 ✔ 按钮，完成体积块的创建。

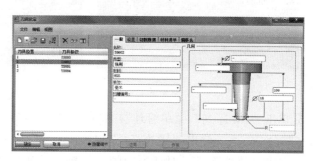

图5-51　"刀具设定"对话框

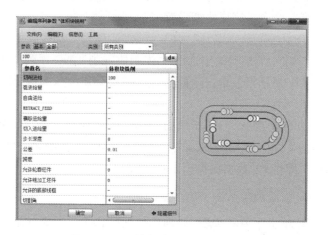

图5-50　"NC 序列"菜单管理器　　　图5-52　"编辑序列参数"对话框

111

图 5-53　拉伸操控板

图 5-54　选取菜单

图 5-55　选取草绘平面

图 5-56　选取参照

图 5-57　草绘图形

⑤ 单击"NC 序列"菜单管理器中的"播放路径"命令。单击"播放路径"下的"屏幕演示"命令，系统弹出"播放路径"对话框。

⑥ 单击"播放路径"对话框中的 ▶ 按钮，屏幕上显示模拟加工的过程，模拟结束后，单击"播放路径"对话框中的 关闭 按钮，再单击"NC 序列"菜单管理器中的"完成序列"命令，完成序列设置。

⑦ 单击菜单"工具"|"CL 数据"|"编辑"命令，系统弹出"选取特征"菜单管理器。

⑧ 在左侧模型树中选取"体积块铣削"NC 序列，单击"确认"命令，系统弹出"保存副本"对话框，单击 确定 按钮，系统弹出"文件视图"菜单管理器，单击"完成/返回"命令。

⑨ 单击菜单"工具"|"CL 数据"|"后处理"命令，系统弹出"打开"对话框，选取刚保存的文件；单击 打开 按钮，系统弹出"后置期处理选项"菜单管理器；单击"完成"命令，即将 CL 数据保存至工作目录下。

6. 曲面加工

① 单击菜单"步骤"|"曲面铣削"命令，系统弹出如图 5-58 所示的"NC 序列"菜单管理器，勾选刀具、参数、曲面、定义切削；单击"完成"命令，系统弹出如图 5-59 所

示的"刀具设定"对话框。

② 输入刀具名称为"T0003"，设置刀具类型为"球铣削"，刀具长度为"100"，刀具直径为"12"；单击 应用 按钮，显示刀具名称和刀具尺寸；最后再单击 确定 按钮，完成刀具设定，系统弹出如图 5－60 所示的"编辑序列参数"对话框。

③ 设置"跨度＝1""切削进给＝100""步长深度＝1""主轴速率＝1 200""安全距离＝50"；单击 确定 按钮完成参数设置，系统弹出"NC 序列"菜单管理器。

④ 单击"完成"命令，按住 Ctrl 键选取如图 5－61 所示的曲面；单击"完成/返回"命令完成曲面的选取；再击"完成/返回"命令，弹出如图 5－62 所示的"切削定义"对话框，选取"自曲面等值线"选项，单击 确定 按钮。

图 5－58　"NC 序列"菜单管理器

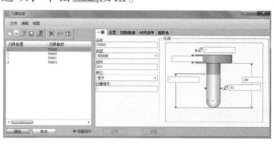

图 5－59　"刀具设定"对话框

图 5－60　"编辑序列参数"对话框

图 5－61　选取曲面

图 5－62　"切削定义"对话框

⑤ 单击 "NC 序列" 菜单管理器中的 "播放路径" 命令。单击 "播放路径" 下的 "屏幕演示" 命令，系统弹出 "播放路径" 对话框。

⑥ 单击 "播放路径" 对话框中的 按钮，屏幕上显示模拟加工的过程，模拟结束后，单击 "播放路径" 对话框中的按钮，再单击 "NC 序列" 菜单管理器中的 "完成序列" 命令，完成序列设置。

⑦ 单击菜单 "工具" | "CL 数据" | "编辑" 命令，系统弹出 "选取特征" 菜单管理器。

⑧ 在左侧模型树中选取 "曲面铣削" NC 序列，单击 "确认" 命令，系统弹出 "保存副本" 对话框，单击 确定 按钮，弹出 "文件视图" 菜单管理器，单击 "完成/返回" 命令。

⑨ 单击菜单 "工具" | "CL 数据" | "后处理" 命令，系统弹出 "打开" 对话框，选取刚保存的文件，单击 打开 按钮，弹出 "后置期处理选项" 菜单管理器，单击 "完成" 命令，即将 CL 数据保存至工作目录下。

7. 钻孔加工

① 单击菜单 "步骤" | "钻孔" | "标准" 命令，系统弹出如图 5 – 63 所示的 "NC 序列" 菜单管理器，勾选 "刀具" "参数" "孔" 选项，单击 "完成" 命令，弹出如图 5 – 64 所示的 "刀具设定" 对话框。

② 输入刀具名称为 "T0004"，设置刀具类型为 "基本钻头"，材料为 "HSS"，单位为 "毫米"，刀具长度为 "100"，刀具直径为 "9.7"，角度为 "118"，单击 应用 按钮，显示刀具名称和刀具尺寸，最后再单击 确定 按钮，完成刀具设定，系统弹出如图 5 – 65 所示的 "编辑序列参数" 对话框。

图 5 –64 "刀具设定" 对话框

图 5 – 63 "NC 序列" 菜单管理器　　　　图 5 –65 "编辑序列参数" 对话框

③ 设置 "切削进给 =50" "主轴速率 =400" "安全距离 =50"，单击 确定 按钮完成参数设置，系统弹出如图 5 –66 所示的 "孔集" 对话框。

④ 在模型表面上定位孔附近按住右键，系统弹出如图 5 –67 所示的菜单，选取如图 5 – 68 所示的孔集，单击深度选项卡终点选项右侧的下拉箭头，单击 按钮，在文本框中输

入18，单击✔按钮，系统弹出"NC序列"菜单管理器。

图5-66 选取曲面

图5-67 选取菜单

图5-68 选取孔

⑤ 单击"NC序列"菜单管理器中的"播放路径"命令。单击"播放路径"下的"屏幕演示"命令，系统弹出"播放路径"对话框。

⑥ 单击"播放路径"对话框中的 ▶ 按钮，屏幕上显示模拟加工的过程，模拟结束后，单击"播放路径"对话框中的 关闭 按钮，再单击"NC序列"菜单管理器中的"完成序列"命令，完成序列设置。

⑦ 单击菜单"工具"|"CL数据"|"编辑"命令，系统弹出"选取特征"菜单管理器。

⑧ 在左侧模型树中选取"孔加工"NC序列，单击"确认"命令，系统弹出"保存副本"对话框，单击 确定 按钮，系统弹出"文件视图"菜单管理器，单击"完成/返回"命令。

⑨ 单击菜单"工具"|"CL数据"|"后处理"命令，系统弹出"打开"对话框，选取刚保存的文件，单击 打开 按钮，系统弹出"后置期处理选项"菜单管理器，单击"完成"命令，即将CL数据保存至工作目录下。

 项目小结

通过本项目的学习，读者可以非常熟练地掌握以下重要内容：

1. Pro/E NC的加工工艺流程。

2. Pro/E NC装配参照模型、建立毛坯、机床设置、定义机床零点、定义退刀平面、刀具设定、建立NC序列、后处理等基本设置。

3. 通过实例演示Pro/E NC铣削加工的方法，掌握铣削NC序列的建立。

拓展练习

  1. 试将 "\ part \ unit5 \ exercise \ shangxiangti. prt" 这个文件，如图 5 – 69 所示，运用数控铣削的方法，生成加工代码。

  2. 试将 "\ part \ unit5 \ exercise \ duangai1. prt" 这个文件，如图 5 – 70 所示，运用数控铣削的方法，生成加工代码。

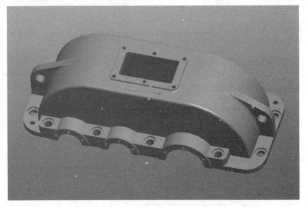

图 5 – 69 shangxiangti. prt

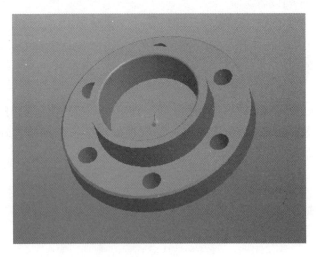

图 5 – 70 duangai1. prt

项目六　Pro/ENGINEER 5.0装配基础

项目概述

　　装配是指按照一定的约束条件或连接方式，将各零件组装成一个整体并要求能满足设计功能的过程。装配设计是 Pro/E 产品设计中的一个重要的环节。在 Pro/E 的装配模式下，可以将生成的零件通过相互之间的定位关系装配在一起，并且检查零件之间是否有干涉或者是否符合设计要求等。在组建装配中，主要有自底向上装配和自顶向下装配两种思路。本项目将介绍装配设计方法、装配设计的基本操作。

学习目标

　　※　掌握各种装配约束类型。
　　※　掌握装配连接类型的概念。
　　※　掌握组件装配的一般过程。
　　※　了解自底向上和自顶向下两种装配设计方法。

项目实例——轴的装配

　　在 Pro/E 中，进行产品设计时，当所有的零件设计已经完成时，需将所设计的零件模型按照一定的设计要求装配在一起，形成一个完整的产品或机构装置，并且还可以将装配产品进行分解，以此来查看零件间的相互装配情况。本项目通过一个齿轮轴（图 6 - 1）装配的案例，介绍零件装配的设计方法、装配的约束类型和连接类型，并将演示案例的整个装配过程。

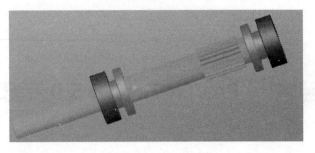

图6-1　齿轮轴

知识链接

1. 装配设计方法

（1）进入装配工作界面

启动 Pro/E 5.0，单击"文件"工具栏上的 按钮，系统弹出如图6-2所示的"新建"对话框，在"类型"中选择"组件"，"子类型"中选择"设计"，在"名称"文本框中输入文件名称，不勾选"使用缺省模板"复选框，单击 确定 按钮，在弹出的"新文件选项"对话框的模板列表中选中"mmns_asm_design"模板，单击 确定 按钮，进入装配设计环境。

图6-2　"新建"对话框

（2）自底向上的设计（Down-Top Design）

在 Pro/E 中进行产品设计时，使用自底向上装配设计方法时，首先设计好组成装配体的各个零件，再按照一定的装配顺序进行装配，装配完成后再检查各零件的设计是否符合要求，是否存在干涉等情况。如果需要修改，则分别更改相应的零件，再在组件中检测，直到最后完全符合设计要求。

这种方法比较简单，设计思路比较清晰，设计原理也容易被广大用户接受，是比较传统的装配设计方法。但是由于整个设计过程是自底（零件）向上（组件）的，而设计时无法从一开始对产品有很好的规划，对于产品到底有多少零件，只有到所有零件都完成后才能确定。这种设计理念还不够先进，设计方法也不够灵活，不能完全适应现代设计的要求。因此这种自底向上的设计在有现成的产品作为参考，且产品类型较单一时可以使用，在新产品的设计或产品类型复杂多变的情况下就显得不是很方便。

（3）自顶向下的设计（Top-Down Design）

自顶向下的设计与自底向上的设计理念完全相反。自顶向下设计是指对已完成的产品进行分析，然后向下设计。将产品的主框架作为主组件，并将产品分解为组件、子组件，然后标识主组件元件及其相关特征，最后了解组件内部及组件之间的关系，并评估产品的装配方式。

自顶向下的设计既可以管理大型组件，又能有效地掌握设计意图，使组织结构明确，不仅能在同一设计小组间迅速传递设计信息、达到信息共享的目的，也能在不同的设计小组间传递设计信息，达到协同作战的目的。这样在设计初期，通过严谨的沟通管理，能让不同的设计部门同步进行产品的设计和开发。

2. 装配约束类型

零件的装配过程实际上是依次指定一组约束来确定元件之间的相对位置。根据不同的设计要求和不同的元件选择相应的约束类型。这些可用的约束类型有11种。单击菜单"插入"|"元件"|"装配"命令或单击"工程特征"工具栏上的 按钮，在系统弹出的"打开"对话框中选择所需装配的零件或组件，单击 打开 按钮，系统弹出装配约束操控面板，单击 放置 按钮，弹出下滑面板，在约束类型中单击下拉按钮，在弹出的列表中选择相应的约束类型，如图6-3所示。若有多个约束，可选择新建约束。

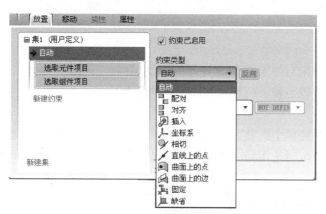

图6-3 选择装配约束类型

（1）自动

自动约束类型是默认方式，用户可以直接在元组件上选取装配参照，由程序自动判断约束的类型和间距，以合适的约束来进行装配。这种方式快速简单，一般用于较简单的装配。

（2）配对

配对约束类型是指两个组装元件（或模型）所指定的平面或基准平面相贴合或相平行，并且两平面的法线方向相反。其中偏移值可设置，偏移设置有三种类型，即重合、定向和偏距。

▣将元件放置于和组件参照重合的位置。两平面相对且重合。此类型是配对约束类型的默认选项。

▣将元件参照定向到组件参照。两平面相对但不设置元件的间距。

▣将元件偏移放置到组件参照。两平面相对且中间有间距。系统默认间距为0，如图6－4所示；其中若设置偏距，可在窗口中设置两面偏距数值，如图6－5所示，偏距为4 mm。

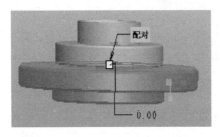

图6－4　偏距为0时配对约束的结果　　图6－5　偏距不为0时配对约束的结果

（3）对齐

对齐约束类型可使两平面或基准面共面，且法线方向互相平行并指向相同的方向。选择对齐约束时也可以选择适当的偏移位置。使用对齐约束结果如图6－6所示。

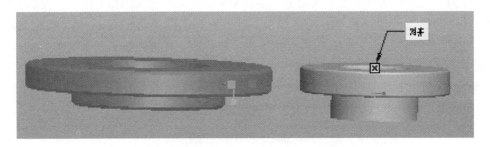

图6－6　对齐约束结果

注意事项：选择配对约束类型或对齐约束类型时，必须选择两个相同的几何特征来配合。如平面与平面、轴与轴、旋转面与旋转面的配合。

（4）插入

插入约束类型是使两个组装元件或模型所指定的旋转面的旋转中心线重合。如图6－7所示的两个元件，装配时选用插入约束类型，结果如图6－8所示。

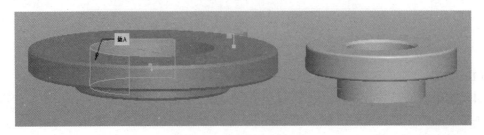

图6－7　两个装配元件

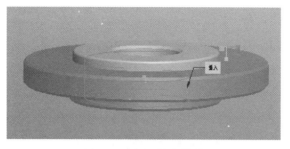

图6-8 插入约束结果

(5) 坐标系

坐标系约束类型是将两个装配元件的坐标系对齐,利用坐标系约束操作时,所选两个坐标系的各坐标轴会分别选择两元件的坐标系,使两个元件的坐标系重合,结果如图6-9所示。

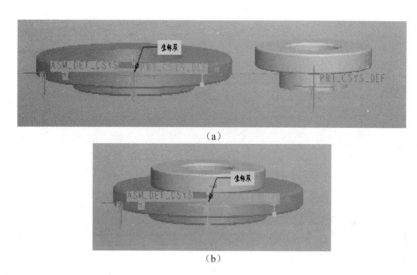

(a)

(b)

图6-9 坐标系约束结果

(6) 相切

相切约束类型是指两个装配元件选择的两个参照面以相切方式组装到一起。可以是曲面与曲面,或者曲面与平面的相切。装配结果如图6-10所示。

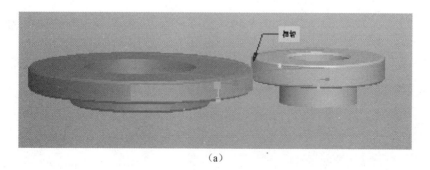

(a)

图6-10 曲面与平面相切

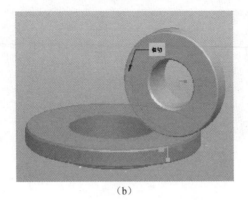

（b）

图6-10 曲面与平面相切（续）

（7）直线上的点

直线上的点的约束是将零件上的任一点与组件的边线或者边线的延长线连接。在一个零件上指定一点，然后在另一零件上指定一条边线，使该点在这条边线上。直线上的点约束类型的装配结果如图6-11所示。

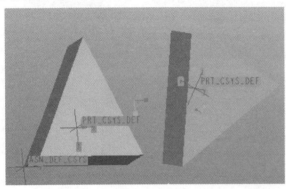

图6-11 直线上的点约束类型的装配结果

（8）曲面上的点

曲面上的点约束类型是将零件上的任一点与组件的面或者面的延伸连接。即在一个零件上指定一个点，在另一零件上指定一个面，则指定的点和面相接触。曲面上的点约束类型的装配结果如图6-12所示。

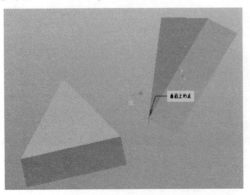
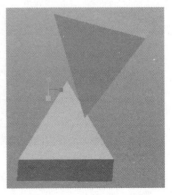

图6-12 曲面上的点约束类型的装配结果

（9）曲面上的边

曲面上的边约束类型是将零件上的任一条边与组件上的面或者面的延伸连接。即在一个元件上指定一条边，在另一个元件上指定一个面，使它们相接触。装配结果如图 6 – 13 所示。

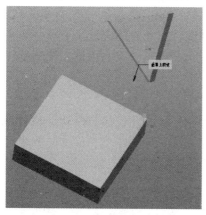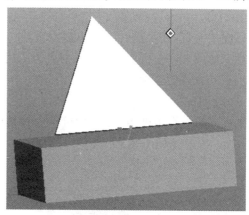

图 6 – 13　曲面上的边约束装配结果

（10）固定

固定约束类型是将新元件在当前位置固定，可以使用移动或旋转工具，使之相对于组件具有相对正确的位置，并将之固定。

（11）缺省

缺省约束类型是将元件的坐标系与组件的坐标系重合，将新元件放置在默认位置。一般在装配第一个元件时，可选用此类型来实现快速装配。

3.　装配连接类型

在 Pro/E 中，元件的放置还有一类连接装配的方式——集。在装配约束操控面板上，单击按钮放置，弹出下滑面板，单击"集"，选择列表中的"集类型"，如图 6 – 14 所示，可以根据零件模型的连接设计要求选择合适的连接类型，并选择相应的装配参考使其符合要求的约束关系，完成元件间的连接装配。

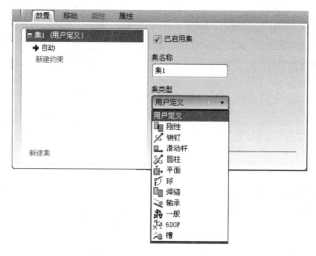

图 6 – 14　装配连接类型

（1）刚性

刚性连接，自由度为0，零件装配处于完全约束状态。此连接不需要满足特殊的约束条件。

（2）销钉

销钉连接，自由度为1，零件可以沿着某一个轴旋转，此连接应该满足轴对齐和平移的约束条件，如图6-15所示。其中轴对齐方式可以使零件具有两个自由度：绕轴旋转和沿着轴移动；平移方式使零件平移的自由度为0。

（3）滑动杆

滑动杆连接，自由度为1，零件可以沿着某一个轴平移。此连接应该满足轴对齐和旋转的约束条件，如图6-16所示。其中，轴对齐使零件具有两个自由度，而旋转方式的自由度为0。

图6-15　销钉连接

图6-16　滑移动连接

（4）圆柱

圆柱连接，自由度为2，零件可以沿着某一个轴平移或旋转。此连接应该满足轴对齐的约束条件，如图6-17所示。可在两个零件中分别选择相应的轴线并输入偏移值。

（5）平面

平面连接，自由度为2，零件可以在某一个平面内自由地移动，也可以绕该平面的法线方向旋转。平面连接应该满足平面的约束条件，如图6-18所示。

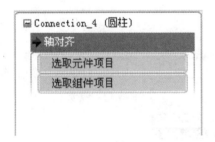

图6-17　圆柱连接

图6-18　平面连接

（6）球

球连接，自由度为3，零件可以绕某一个点自由旋转，但不能在任何方向上平移。球连接应该满足点对齐的约束条件，如图6-19所示。可在两个零件中选择相应的点，输入偏移值。

（7）焊缝

焊缝连接，自由度为0，两个零件刚性地连接在一起。焊缝连接应该满足坐标系的约束，如图6-20所示。可在两个零件中分别选择相应的坐标系，输入偏移值。

图6-19　球连接

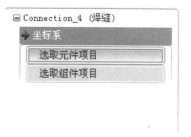

图6-20　焊缝连接

（8）轴承

轴承连接，自由度为3，零件可绕某一点自由旋转，且可以沿某一轴自由移动。轴承连接应该满足点对齐的约束条件，如图6-21所示。在一个零件中选择一条轴线或一条边，在另一个零件中选择一个点，输入偏移值。

（9）一般

选取自动类型约束的任意参照以建立连接。如图6-22所示。

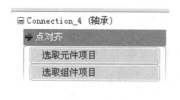

图6-21　轴承连接

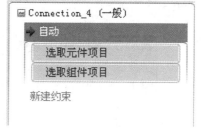

图6-22　一般连接

（10）6DOF

该类型需满足"坐标系对齐"约束关系。如图6-23所示。

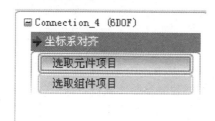

图6-23　6DOF连接

（11）槽

建立槽连接，包含一个"直线上的点"约束，允许沿一条非直线轨迹旋转。该类型需满足"直线上的点"约束关系，如图6-24所示。

图6-24　槽连接

4．零件装配的基本操作步骤

在进行产品设计时，当各零件模型制作完成之后，可以把它们按设计要求装配在一起，成为一个完整的部件或产品。

零件装配过程实际上就是将各零件按照一定的约束或连接方式装配成整体的过程。具体装配操作过程如下。

①新建一个"组件"类型的文件，进入组件模块工作界面。

②单击菜单"插入"|"元件"|"装配"命令或"工程特征"工具栏上的按钮，装载零件模型，如图6-25所示。

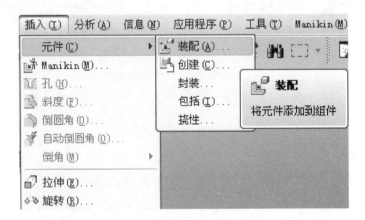

图6-25　装载零件模型

③选择好零件后，系统弹出如图6-26所示的装配约束操控面板中，选择约束类型或连接类型，然后相应选择两个零件的装配参照使其符合约束条件，可根据左上角提示进行操作。

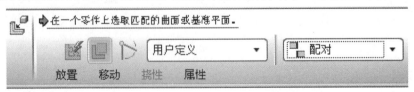

图6-26　装配约束操控面板

④ 单击新建约束，重复步骤③的操作，直到完成符合要求的装配或连接定位，单击 ☑ 按钮，至此，本次零件的装配或连接完成。

⑤ 重复步骤②~④完成下一个零件的组装。

 项目实施

下面通过介绍齿轮轴的装配过程来使学习者加深对零件装配操作的理解与掌握。齿轮轴由多个零件装配而成，其中包括轴、轴承、轴承内挡圈等。

1. 新建组件文件

启动 Pro/E 5.0，设置工作目录 D：/Proe；新建组件文件，输入组件名称如 "zhouchen"，选择公制模板，进入装配设计环境。

2. 轴承的装配

（1）装载内圈

单击菜单 "插入" | "元件" | "装配" 命令或单击 "工程特征" 工具栏上的 ☒ 按钮，在系统弹出的 "打开" 对话框中选择配书光盘文件夹中的 "part \ unit6 \ exercise \ neiquan. prt"，打开如图 6 – 27 所示的零件，以 "缺省" 方式约束。

（2）装载保持架

单击菜单 "插入" | "元件" | "装配" 命令或单击 "工程特征" 工具栏上的 ☒ 按钮，在系统弹出的 "打开" 对话框中选择配书光盘文件夹中的 "part \ unit6 \ exercise \ baochijia. prt"，打开如图 6 – 28 所示的零件。

图 6 – 27　内圈

图 6 – 28·保持架

加入第一个约束，选择 "对齐" 约束类型。"组件参照" 和 "元件参照" 分别选择两个零件的 TOP 面，约束参照如图 6 – 29 所示。

加入第二个约束，在新建约束中，选择 "插入" 约束类型，"组件参照" 和 "元件参照" 分别选择两个零件的轴线，单击 ☑ 按钮。约束参照如图 6 – 30 所示。

（3）装载滚珠

单击菜单 "插入" | "元件" | "装配" 命令或单击 "工程特征" 工具栏上的 ☒ 按钮，在系统弹出的 "打开" 对话框中选择配书光盘文件夹中的 "part \ unit6 \ exercise \ gunzhu. prt"，打开如图 6 – 31 所示的零件。

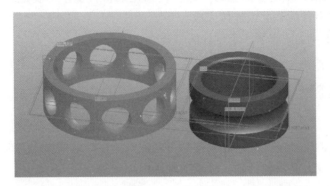

图6-29 对齐约束

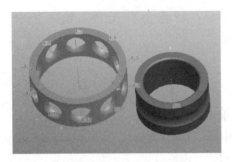

图6-30 对齐约束

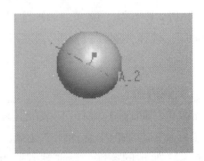

图6-31 滚珠

加入第一个约束，选择"插入"约束类型，"组件参照"和"元件参照"分别选择保持架中孔的内表面和滚珠的球面，约束参照如图6-32所示。

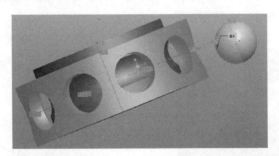

图6-32 插入约束

加入第二个约束，在新建约束中，选择"相切"约束类型，"组件参照"和"元件参照"分别选择内圈的滚道面和滚珠的球面，单击☑按钮。约束结果如图6-33所示。

（4）滚珠阵列

选择滚珠，单击"编辑特征"工具栏上的▦按钮，系统弹出如图6-34所示的陈列操控面板，选择内圈的中心轴为阵列参照基准轴，输入阵列成员数为10，阵列成员间的角度为36°。单击☑按钮，完成如图6-35所示的阵列。至此，完成轴承组件的装配，进行保存。

图6-33 相切约束

图6-34 阵列参数设置

（5）装载外圈

单击菜单"插入"|"元件"|"装配"命令或单击"工程特征"工具栏上的 按钮，在系统弹出的"打开"对话框中选择配书光盘文件夹中的"part \ unit6 \ exercise \ waiquan. prt"，打开如图6-36所示的零件。

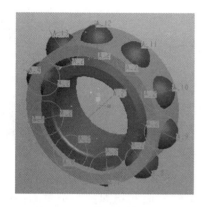

图6-35 装配好轴承组件

图6-36 轴承外圈

加入第一个约束，选择"对齐"约束类型，"组件参照"和"元件参照"分别选择内圈的上表面和外圈的上表面，约束参照如图6-37所示。

加入第二个约束，在新建约束中，选择"对齐"约束类型，"组件参照"和"元件参照"分别选择内圈的中心轴和外圈的中心轴，单击 按钮。约束结果如图6-38所示。

图6-37 约束参照

图6-38 轴承装配结果

3. 齿轮轴的装配

（1）新建组件

新建组件，输入名称如"zhou"，选择公制模板，进入装配设计环境。

（2）装载齿轮轴

单击菜单"插入"|"元件"|"装配"命令或单击"工程特征"工具栏上的按钮，在系统弹出的"打开"对话框中选择配书光盘文件夹中的"part \ unit6 \ exercise \ chilunzhou1. prt"，打开如图6-39所示的零件。

图6-39　齿轮轴

（3）装载齿轮内挡圈

单击菜单"插入"|"元件"|"装配"命令或单击"工程特征"工具栏上的按钮，在系统弹出的"打开"对话框中选择配书光盘文件夹中的"part \ unit6 \ exercise \ zhouchenneidang. prt"，打开如图6-40所示的零件。

加入第一个约束，选择"插入"约束类型，"组件参照"和"元件参照"分别选择轴的外表面和挡圈的内表面。

加入第二个约束，在新建约束中，选择"配对"约束类

图6-40　齿轮内挡圈

型，"组件参照"和"元件参照"分别选择轴的一个轴肩面和挡圈的一个端面，偏移值为0，单击按钮。装配约束如图6-41所示，约束结果如图6-42所示。

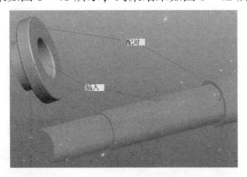

图6-41　装配约束示意图

图6-42　装配约束完成

（4）装载轴承

单击菜单"插入"|"元件"|"装配"命令或单击"工程特征"工具栏上的 按钮，在系统弹出的"打开"对话框中选择之前装配的轴承组件 zhouchen. asm。

加入第一个约束，选择"插入"约束类型，"组件参照"和"元件参照"分别选择轴的外表面和轴承的内表面。

加入第二个约束，在新建约束中，选择"配对"约束类型，"组件参照"和"元件参照"分别选择挡圈的一个端面和轴承内圈的一个端面，偏移值为0，单击 ✓ 按钮。装配约束如图6－43所示，约束结果如图6－44所示。

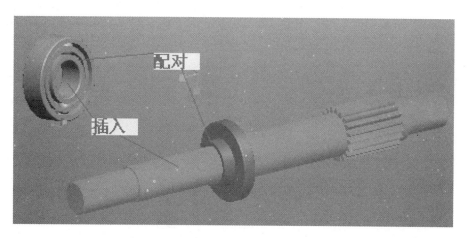

图6－43　装配约束示意图

图6－44　装配约束完成

（5）装载轴承内挡圈

单击菜单"插入"|"元件"|"装配"命令或单击"工程特征"工具栏上的 按钮，在系统弹出的"打开"对话框中选择配书光盘文件夹中的"part \ unit6 \ exercise \ zhouchenneidang. prt"。

加入第一个约束，选择"插入"约束类型，"组件参照"和"元件参照"分别选择轴的外表面和挡圈的内表面，如图6－45所示。

加入第二个约束，在新建约束中，选择"配对"约束类型，"组件参照"和"元件参照"分别选择轴的一个轴肩面和挡圈的一个端面，偏移值为0，单击 ✓ 按钮。装配约束及装配结果如图6－46所示。

（6）装载轴承

单击菜单"插入"|"元件"|"装配"命令或单击"工程特征"工具栏上的 按钮，在系统弹出的"打开"对话框中选择之前装配的轴承组件 zhouchen. asm。

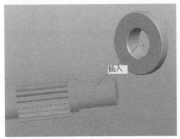 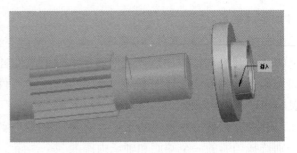

图6-45　装配结果

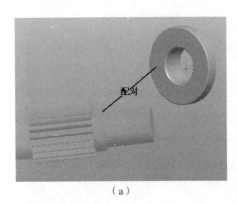
（a）

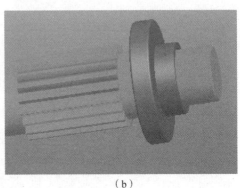
（b）

图6-46　装配约束

（a）装配约束示意图；（b）装配结果图

加入第一个约束，选择"插入"约束类型，"组件参照"和"元件参照"分别选择轴的外表面和轴承的内表面。

加入第二个约束，在新建约束中，选择"配对"约束类型，"组件参照"和"元件参照"分别选择挡圈的一个端面和轴承内圈的一个端面，偏移值为0，装配约束如图6-47所示。单击☑按钮，完成此次装配，装配好的齿轮轴的组件如图6-48所示。

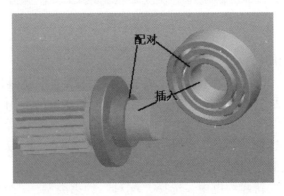

图6-47　装配约束示意图

4. 分解组件

单击菜单"视图"|"分解"|"分解视图"命令，如图6-49所示。进行组件分解，分解后的视图如图6-50所示。

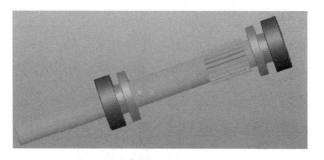

图6-48 装配完成的组件

单击菜单栏"视图"|"分解"|"取消分解视图"命令，即可将组件恢复成原始状态。如图6-51所示。

最后，进行组件保存，单击菜单"文件"|"保存"命令，输入组件名称"zhou.asm"即可。

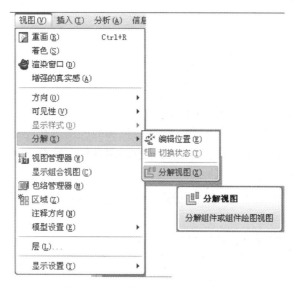

图6-49 "分解视图"菜单命令

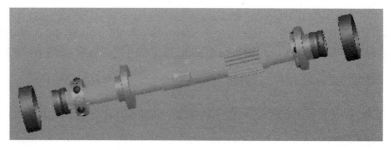

图6-50 分解视图

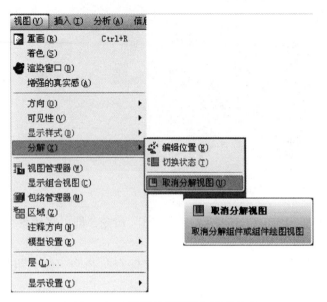

图6-51 "取消分解视图"菜单命令

项目小结

通过本项目的学习，可以掌握以下内容。

1. 深刻理解装配约束的含义和用途。掌握约束参照的用途和设定方法。

2. 掌握Pro/E的几种装配约束，并能熟练地运用它们，区分每种约束类型的不同之处，在进行装配过程中合理选用。

3. 零件的放置有"无约束""部分约束"和"完全约束"，要使零件完全约束，一般要施加多个约束条件。

4. 通过实例演示，掌握Pro/E装配的一般步骤。

拓展练习

打开光盘中的 part \ unit6 \ exercise \ chilunzhou2. prt、jian1. prt、chilun2. prt、xiaotao6. prt、zhouchengneidang1. prt、zhoucheng1. asm 几个文件，完成如图 6 – 52 所示的组件装配。

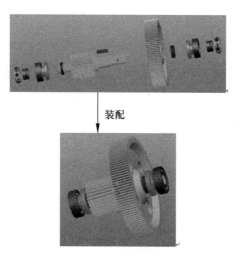

图 6 - 52　组件装配练习

项目七　Pro/ENGINEER 5.0工程图

项目概述

在产品视图表达中，三维模型具有比较直观的表达效果，但在工程使用中往往需要用一个或者一组平面工程视图来表达，从而用于指导设计和生产。Pro/E 具有强大的工程图设计功能，且作为一个独立的功能模块存在。它是按照 ANI/ISO/JIS/DIN 标准直接将建立的试题模型生成工程图，并且工程图与模型之间是完全关联的，只要模型或者工程图有一个做了修改，那么另一个就自动更新。

Pro/E 工程图提供了多种图形输入/输出格式，如 drw、dwg、dxf、igs、stp 等。在建立零件模型或者装配模型的基础上，使用"绘图"模块，能够快速地建立标准的工程视图。Pro/E 工程图文件的默认扩展名为".drw"。

本项目主要在完成减速器产品零件三维设计和减速器装配的基础上，使用 Pro/E 工程图模块完成轴零件基本视图及其他表达视图的建立。

学习目标

※ 熟练掌握工程图模板的建立方法。
※ 熟练掌握基本视图的生成方法。
※ 熟练掌握其他表达视图的生成方法。

项目实例——减速器轴工程图的建立

在 Pro/E 中，零件工程图可以由零件模型生成。图 7-1 所示零件轴通过使用 Pro/E 工程图模块来完成零件工程图的创建。本项目中，通过用 Pro/E 工程图模块来完成零件轴的工程图创建，以便读者掌握工程图创建的基本过程和方法。

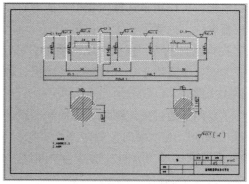

图7-1　轴

 知识链接

1. 新建工程图文件

如图7-2所示，在绘图"类型"文件中，系统默认的名称为"drw××××"，可以按需要更改名称。

系统通过如图7-3所示的"新建绘图"对话框设定选用的绘图模板。其中，"缺省模型"中显示的是要创建工程图的零件或组件的名称，若不是想要的模型，可以单击"浏览"按钮来搜索其他零件或组件。

图7-2　"新建"对话框　　　图7-3　"新建绘图"——"使用模板"

137

"指定模板"选项区域用于设置创建工程图的方式，主要有以下三种创建方式。

使用模板：可以用来选择内置模板或者自定义模板，如图 7-3 所示，在模板窗口会列出内置模板名称，内置模板主要提供了 a0 ~ a4 与 a ~ f 共 11 种内置格式。也可以通过"浏览"来寻找自定义模板，根据定义的模板，可以自动生成模型的各种视图。

格式为空：主要用于加入自定义的图框，如图 7-4 所示，通过"浏览"来搜索自定义的图框格式文件。

空：主要用于通过指定图纸的方向和图纸的大小来确定工程图的创建。如图 7-5 所示，可以选择"纵向"或"横向"确定图纸方向；对于图纸大小，系统提供了 A0 ~ A4 与 A ~ F 共 11 种标准图框。当"方向"选择为"可变"时，图纸的大小和单位可以任意调节。

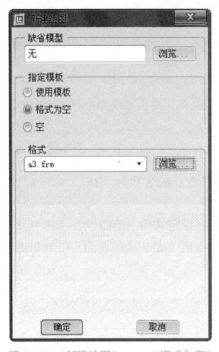

图 7-4 "新建绘图" —— "格式为空"

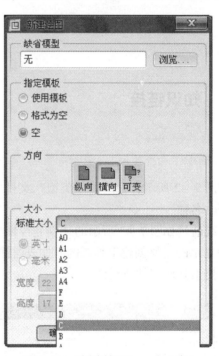

图 7-5 "新建绘图" —— "空"

2. 工程图视图的种类

在工程图的绘制过程中，需要根据零件的结构特点来选择恰当的表达形式，Pro/E 5.0 工程图提供的绘图种类主要包括一般视图、投影视图、详细视图、辅助视图和旋转视图，如图 7-6 所示。

（1）一般视图

一般视图是按照一定投影关系创建的独立的正交视图，用于表示模型的最主要结构。工程图中的第一个视图必须是一般视图，它是工程图中一切图的父视图，是其他视图创建的基础和依据。一般视图的创建，可以通过"绘图视图"对话框中的"类别"列表框来设置相应选项，从而定义视图的特征。

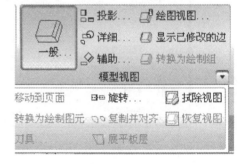

图 7-6 绘图视图的类别

① 视图类型。一般视图方向的确定，主要有三种方法，如图7-7所示。

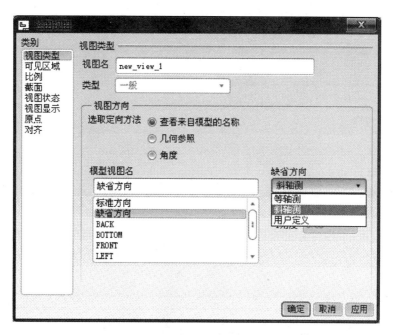

图7-7 "绘图视图"对话框——"视图类型"

查看来自模型的名称：使用来自模型中已经保存的视图的方向进行定向。可以从"模型视图名"下拉列表中选取相应的模型视图，也可以通过在"缺省方向"下拉列表中选取"等轴测""斜轴测"或"用户定义"选项进行方向设定。

几何参照：使用来自绘图中预览模型的几何参照进行视图定向，模型根据定义的方向和所选取的参照重新定位。

角度：使用选定参照的角度或定制角度来定向视图。

② 可见区域。在确定视图的可见性时，可以根据需要生成四种不同的视图，如图7-8所示。

全视图：在视图中显示整个模型，首先给定视图的放置位置，可以给定"视图名"如主视图、俯视图等，通过选定视图方向创建一般视图。

半视图：以基准面为参照，仅显示模型的一半。选取基准面作为半视图的参照后，系统会以箭头表示保留视图部分，可以通过选择"方向"菜单管理器中的"正向"或"反向"菜单调整所要显示的半视图。

局部视图：显示视图中指定的局部位置。局部视图的创建，首先需要指定参照点作为局部视图的中心位置，然后绘制一条封闭的样条曲线作为局部分界线，样条曲线内部的部分将被保留。

破断视图：将一个视图沿水平或者垂直方向进行一处或多处破断。破断视图多用于较长模型，且模型沿长度方向的形状一致或按照一定规律变化时的情况。

③ 比例。比例在视图表达中为视图增加独立的比例参数，它只能用于一般视图中。比例设置如图7-9所示。

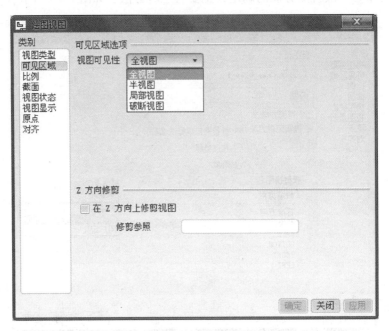

图7-8 "绘图视图"对话框——"可见区域"

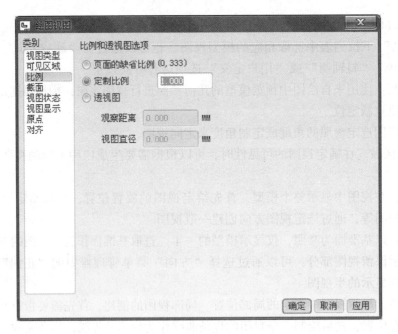

图7-9 "绘图视图"对话框——"比例"

④截面。创建剖视图必须先创建模型的剖切截面。在"绘图视图"对话框中选择"截面"类别后，选择"2D截面"单选项来创建或选择截面，确定"剖切区域"，可以生成剖视图，如图7-10所示。

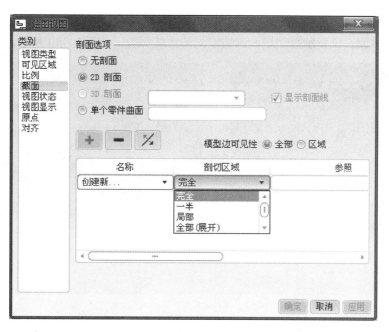

图7-10　"绘图视图"对话框——"截面"

截面的创建可以在工程图中实现，通过选择"创建新"来创建截面。创建截面的方法有"平面"和"偏移"两种。也可以在零件和组件中创建截面。"剖切区域"下拉列表中有"完全""一半""局部"和"全部（展开）"四种不同的剖切方式可供选择。

（2）投影视图

投影视图是已经存在的父视图沿水平或垂直方向投影所形成的一个正交投影视图。一般位于父视图的上方、下方或者左方、右方。选中父视图，沿水平或垂直方向拖动方框，生成左、右视图或俯、仰视图，如图7-11所示。

（3）详细视图

详细视图是指放大显示一部分模型的视图。选取要放大区域的中心点，然后围绕中心点，直接在屏幕上圈出要放大显示的区域，如图7-12所示。

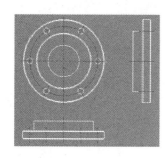

图7-11　投影视图

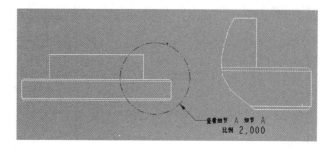

图7-12　详细视图

（4）辅助视图

辅助视图是一种特殊类型的投影视图，沿垂直于选定参照平面的方向投影，或沿着轴线方向投影，如图7-13所示。

（5）旋转视图

旋转视图是围绕切割截面旋转90°，并沿着其方向偏移一定距离的剖面视图。该视图是一个区域的横截面，仅显示被剖切面所切割到的实体部分，如图7－14所示。

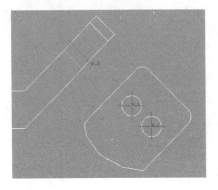

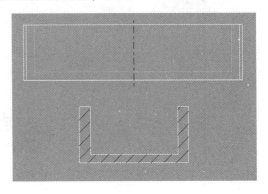

图7－13　辅助视图　　　　　　　　　　图7－14　旋转视图

项目实施

1. 工程图模板的创建

（1）确定工程图纸图幅

单击菜单中"文件"|"新建"命令或单击"文件"工具栏上 的按钮，弹出如图7－15所示的"新建"对话框，选择"格式"类型，输入"A3"作为模板名称，单击 确定 按钮。

系统弹出如图7－16所示的"新格式"对话框，在"指定模板"选项区域中选中"空"

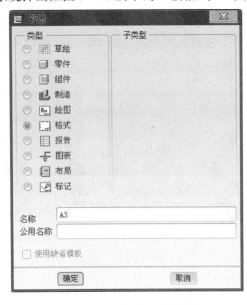

图7－15　"新建"对话框　　　　　　　图7－16　"新格式"对话框

单选选项，选择图纸方向为"横向"，在"标准大小"下拉列表中选择"A3"图幅，单击 確定 按钮，完成 A3 图纸边界的生成。

（2）环境变量的设置

单击菜单中"文件"｜"绘图选项"命令，系统弹出如图 7－17 所示"选项"对话框，分别将"drawing_text_height"（文本高度）、"text_width_factor"（文本高宽比）、"draw_arrow_lenght"（箭头长度）、"draw_arrow_width"（箭头宽度）的值设置为 5、0.85、3.5、0.5。单击 应用 按钮，再单击 关闭 按钮，完成环境变量的设置。

图 7－17 "选项"对话框

（3）图框及标题栏外框的绘制与生成

在当前 A3 活动窗口中单击"草绘"选项卡，如图 7－18 所示，单击"偏移边" 按钮，弹出如图 7－19 所示"偏移操作"菜单管理器，单击"链图元"命令，弹出"选取"对话框，鼠标框选图纸边界的四条框线，点击鼠标中键或点击"确定"按钮完成选取，在图纸左侧边线旁边出现黄色箭头指示默认的偏移方向，输入偏移距离"－10"，单击 按钮，并单击鼠标中键完成图框偏移操作。

图7-18 "草绘"选项卡

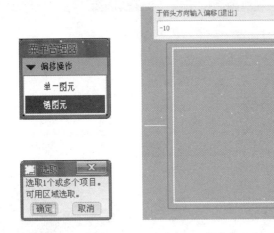

图7-19 偏移边生成图框线

在"草绘"选项卡中继续单击"链" 链 按钮，单击"线" 按钮，弹出如图7-20所示"捕捉参照" 对话框，选择"选取参照"按钮，选取内图框右边线作为参照，单击鼠标中键完成选取。选取内图框右下角点作为第一点，单击如图7-21所示"控制"选项块中的 相对坐标 按钮，按照逆时针方向绘制标题栏边框线。输入如图7-22所示坐标参数（X0，Y32），单击鼠标中键确定；继续输入坐标参数（X-140，Y0），单击鼠标中键确定；接着输入坐标（X0，Y-32），单击鼠标中键确定，完成如图7-23所示的标题栏边框绘制。

图7-20 "捕捉参照"对话框

图7－21　控制选项块

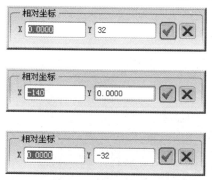

图7－22　输入标题栏边框线坐标

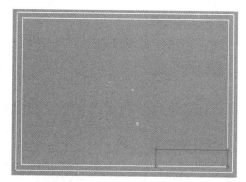

图7－23　绘制完成的标题栏边框

（4）更改线型属性

框选图框线及标题栏框线，在"草绘"选项卡中单击"格式化"选项块中的"线造型" 按钮，如图7－24所示，弹出"修改线造型"对话框，在线型菜单项选择"实线"，定义线宽为"1.000000"，颜色为"黑色"，单击 应用 按钮，再单击 关闭 按钮，完成线型属性的更改。

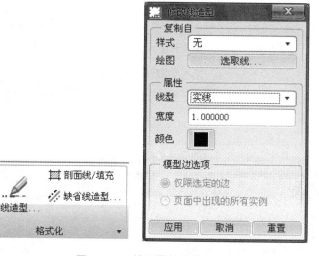

图7－24　线型属性的修改

（5）标题栏表格的创建和编辑

在当前A3活动窗口中单击"表"选项卡，单击"表" 按钮，弹出如图7－25所示的"创建表"菜单管理器，单击"降序""右对齐""按长度""顶点"命令，创建表格。

如图 7－26 所示，选取左上角点为表格的基准点，按照标题栏格式，分别输入从左到右各列宽度为 15、25、20、15、15、20、30，点击鼠标中键完成列宽输入；按照标题栏格式，分别输入从上到下各行高度为 8、8、8、8，点击鼠标中键完成行高输入，生成标题栏表格。

图 7－25　创建表格

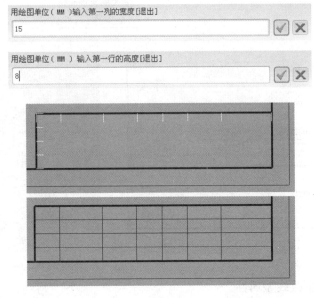

图 7－26　插入表格

在"表"选项卡中继续单击"行和列"选项块中的"合并单元格"按钮，如图 7－27 所示，弹出"表合并"菜单管理器，单击"行 & 列"命令，按照标题栏格式选取需要合并的行、列，完成标题栏的编辑，如图 7－28 所示。

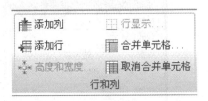

图 7－27　合并表格

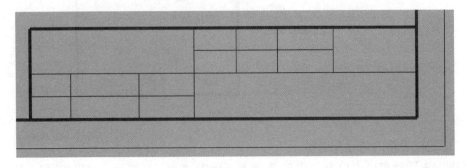

图 7－28　标题栏合并表格完成

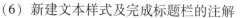

（6）新建文本样式及完成标题栏的注解

在当前 A3 活动窗口中单击"注释"选项卡，如图 7－29 所示，单击"格式化"选项块中的"管理文本样式"按钮，弹出如图 7－30 所示"文本样式库"对话框，单击"新建"按钮，弹出如图 7－31 所示"新文本样式"对话框，输入样式名称为"BTL"，字体菜单选择"font"，对齐方式中水平方向选择"中心"、垂直方向选择"中间"，单击"确定"按钮，再单击鼠标中键，完成如图7－32所示的"文本样式库"中"BTL"样式的新建。

单击"格式化"选项块中的"缺省文本样式"按钮，弹出如图 7－33 所示"选取样式"菜单管理器，选取"BTL"文本样式，单击鼠标中键，完成缺省本文格式为"BTL"的设置。

图 7－29　"注释"选项卡

图 7－30　"文本样式
库"对话框

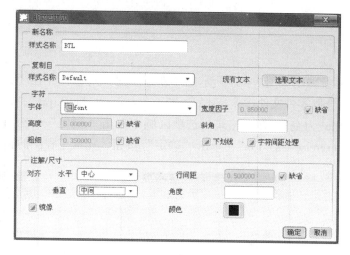

图 7－31　"新文本样式"对话框

双击要输入文字的表格单元格，弹出如图 7－34 所示"注解属性"对话框，输入相应的文字，单击"确定"按钮将文字输入单元格。最终完成标题栏的设置，如图 7－35 所示。

（7）工程图纸模板的保存

单击菜单中"文件"|"保存"命令，完成模板的保存。

单击菜单中"文件"|"拭除"|"当前"命令，拭除缓存中的所有模型。

2. 工程视图的生成

（1）新建工程图文件

单击菜单"文件"|"新建"或单击"文件"工具栏上的 🔲 按钮，弹出如图 7－36 所示的"新建"对话框，选择"绘图"类型，输入工程图的名称"zhou"，不勾选"使用缺省模板"，单击"确定"按钮。

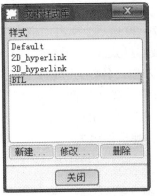

图7-32 完成"BTL"
样式新建

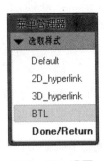

图7-33 设置
"BTL"样式为缺省

图7-34 "注解属性"
对话框

图7-35 标题栏完成注解

系统弹出如图7-37所示的"新建绘图"对话框,在"缺省模型"选项区域选择"浏览",选取零件文件"\part\unit7\exercise\zhou3.prt"。在"指定模板"选项区域中选择"格式为空",在"格式"选项区域中单击"浏览",路径为选择格式文件"\part\u-nit7\exercise\a3.frm",单击"确定"按钮,完成工程图的新建,如图7-38所示。

图7-36 "新建"对话框

图7-37 "新建绘图"对话框

(2)创建主视图

在当前"zhou"活动窗口中单击"布局"选项卡,单击"一般"按钮,如图7-39所示,按提示单击鼠标左键选择视图在图纸中的位置,弹出如图7-40所示"绘图视图"对话框,在视图类型中输入视图名为"主视图",选择模型视图名为"Front",单击应用按钮,确定视图参照模型,保存视图方向。

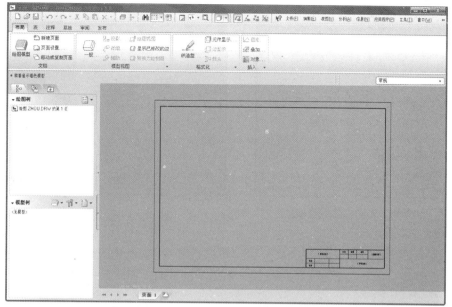

图 7 - 38　工程图文件的新建

图 7 - 39　"布局"选项卡中的"模型视图"选项块

　　继续选择"绘图视图"对话框中的"比例"类别,如图 7 - 41 所示,选择"定制比例"单项选择按钮,输入"1.000",单击 应用 按钮,完成工程图比例的设定。

　　继续选择"绘图视图"对话框中的"视图显示"类别,如图 7 - 42 所示,在"视图样式"菜单中选择"消隐",单击 应用 按钮,完成视图显示的设定。

　　单击"绘图视图"对话框的 关闭 按钮,完成主视图的创建,如图 7 - 43 所示。

图 7 - 40　视图类型对话框图

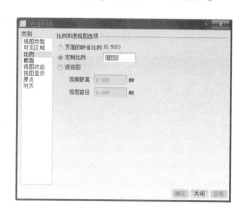

图 7 - 41　比例对话框

149

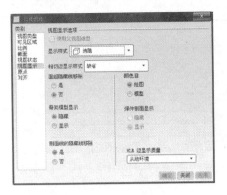

图 7 - 42　视图显示对话框

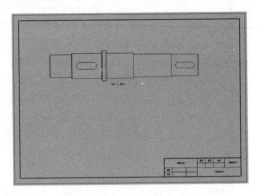

图 7 - 43　主视图的创建

（3）旋转视图的创建

打开"基准显示"工具栏上的 按钮，显示基准平面，如图 7 - 44 所示。

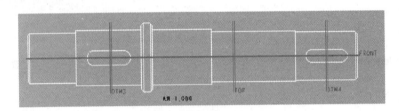

图 7 - 44　显示基准平面

在当前"zhou"活动窗口中单击"布局"选项卡，如图 7 - 45 所示，单击"模型视图"选项块右下角的 按钮，弹出下滑面板，单击 旋转 按钮，根据系统提示，单击主视图作为旋转视图的父视图，单击一个合适的位置作为旋转视图放置的中心位置，弹出如图 7 - 46 所示"绘图视图"对话框，在视图类型中输入视图名为"旋转视图 1"，旋转视图属性选择"创建新…"，弹出如图 7 - 47 所示"剖截面创建"菜单管理器，依次单击"平面""单一""完成"命令，弹出"输入剖面名"对话窗口，输入"A"，单击 按钮，完成第一旋转视图的创建。依此步骤完成第二旋转视图的创建，如图 7 - 48 所示。

图 7 - 45　旋转视图图标按钮

图 7 - 46　旋转视图绘图视图

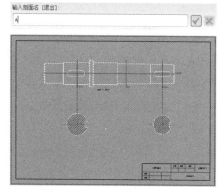

图7－47　菜单管理器　　　　　　图7－48　旋转视图的生成

（4）模型中心线的显示

在当前"zhou"活动窗口中单击"注释"选项卡，单击"插入"选项块中的"显示模型注释"按钮，选择主视图图元，弹出如图7－49所示的"显示模型注释"对话框，单击按钮，选择该对话框的基准选项卡，继续单击该选项卡中的"全部选中"按钮，单击"确定"按钮，此时轴工程图显示了所有特征的中心线。依此过程将两个旋转视图的中心线也显示在工程图上，完成模型中心线的显示，如图7－50所示。

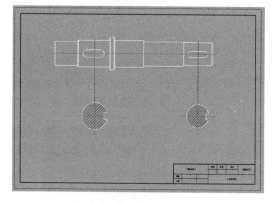

图7－49　"显示模型注释"对话框　　　图7－50　模型中心线显示

（5）尺寸的标注

在当前"zhou"活动窗口中单击"注释"选项卡，单击"插入"选项块中的"尺寸－新参照"按钮，在弹出的"依附类型"菜单管理器中单击"图元上"命令，选择视图中需要标注的尺寸，拖动到适当的位置，点击鼠标中键放置尺寸，完成标注。

重复以上操作，完成工程图所有需要标注的尺寸，如图7－51所示。

（6）尺寸的编辑及技术要求的标注

双击要编辑的尺寸，如54，系统弹出如图7－52所示的"尺寸属性"对话框，在"属性"选项卡中对该尺寸进行显示、格式及公差等编辑。如图7－52所示，选择公差模式为"加－减"，上公差输入"0.000"，下公差输入"－0.046"。在"显示"选项卡中插入"Φ"文本符号，如图7－53所示，点击"确定"按钮，完成如图7－54所示的所选尺寸的编辑。依次完成对所有尺寸的编辑，并可以选择尺寸，利用鼠标进行位置的移动，使尺寸放置于合适的位置。

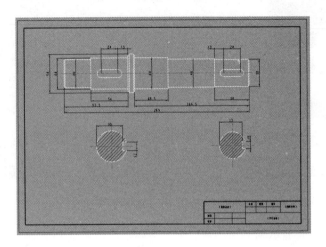

图 7 - 51　完成尺寸的标注

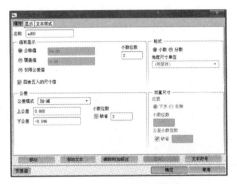

图 7 - 52　尺寸属性的编辑

图 7 - 53　尺寸属性文本符合的插入

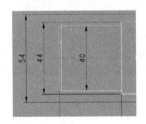
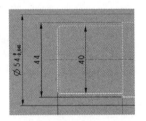

图 7 - 54　尺寸属性的编辑

　　在当前"zhou"活动窗口中单击"注释"选项卡，单击"插入"选项块中的"表面粗糙度"^{32}√按钮，在系统弹出如图 7 - 55 所示的"得到符号"菜单管理器中单击"检索"命令，弹出"打开"对话框，选择"\part\unit7\exercise\"文件夹下的"gb-roughness. sym"文件，单击 ▉打开▉ 按钮（图 7 - 56），在系统弹出的如图 7 - 57 所示的"实例依附"菜单管理器中单击"图元"命令，选择视图中需要进行粗糙度标注的位置，拖动到适当的位置，单击鼠标中键放置，在系统弹出的对话框中输入粗糙度值（图 7 - 58），完成粗糙度的标注。

　　重复以上操作，完成工程图中所有需要标注表面粗糙度的位

图 7 - 55　检索符号

置的标注，如图7-59所示。

图7-56　选择符号文件　　　　　　　　　图7-57　依附图元

图7-58　输入粗糙度值

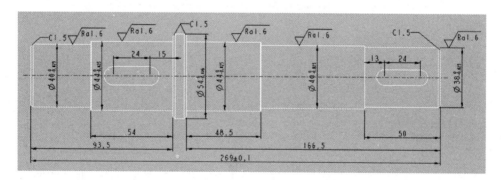

图7-59　完成粗糙度的标注

　　在当前"zhou"活动窗口中单击"注释"选项卡，单击"插入"选项块中的"注解"按钮，在系统弹出的"注解类型"菜单管理器中依次单击"无引线"|"输入"|"水平"|"左"|"标准"|"进行注解"命令，在图纸选择合适的注解位置，单击鼠标，弹出注解输入框，输入所需注解的内容，点击鼠标中键完成注解。

　　重复以上操作，完成工程图所有需要标注的注解，如图7-60所示。

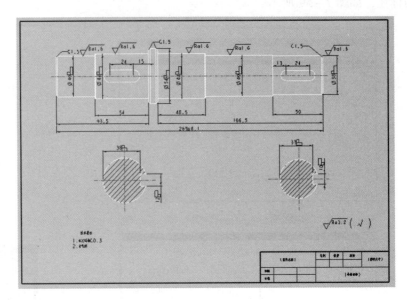

图 7 −60 　完成文字注解

（7）修改标题栏

双击标题栏中需要修改的位置，弹出对话窗口，修改"名称""比例""单位"等标题栏信息，如图 7 −61 所示，完成标题栏的修改。

图 7 −61 　标题栏的编辑

完成的零件图如图 7 −62 所示。

项目小结

工程图是将三维模型进行投影得到的符合工程标准的二维平面视图，它从平面的角度展示了模型的结构和特征。在机电行业中用于指导一线的生产，使用十分广泛。

根据视图可见区域的不同，工程图包括全视图、半视图、局部视图和破断视图四类。全视图用于表达一般零件结构，半视图用于表达具有对称结构的零件，局部视图一般用于表达零件的局部结构，破断视图用于表达零件较长且结构具有一定规则的部分。

工程图一般是用一组二维平面视图来表达三维视图。在创建的过程中，首先需要根据标准创建图纸模板，用来确定视图放置的区域和格式。在此基础上再根据需要生成不同类型的视图来进行零件的表达。一般视图是按照一定的投影关系所创建的正交投影视图，通常作为

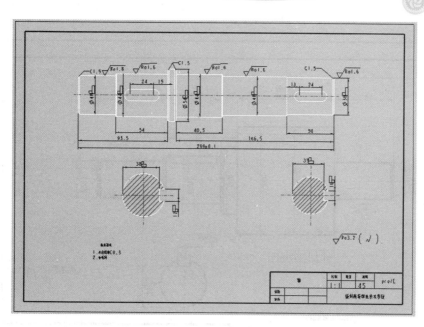

图 7 - 62　轴零件图

第一个放置的视图，用于表达模型的最主要结构，同时也是其他视图的创建基础和依据。投影视图是将已经存在的视图沿其正交方向投影所得到视图。辅助视图是一种特殊的投影表达视图，通过选取边、轴线或曲面来确定投影方向，一般用于复杂结构、特殊结构的补充表达。详细视图是将模型视图的局部进行放大表达的单独视图。旋转视图是将现有的视图在所选的截面处旋转 90°并进行平移而得到的剖视图。

工程图的创建，应该根据零件的实际表达需要，选择不同类型和数量的视图来表达零件。

拓展练习

参照图 7 - 63 所示齿轮轴的零件图的生成图 7 - 64 所示齿轮轴工程图，齿轮轴实体文件路径为 "\ part \ unit7 \ exercise \ chilunzhou2. prt"。

图 7 - 63　齿轮轴实体图

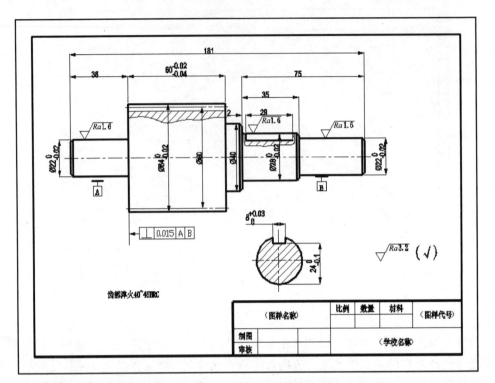

图 7 – 64　齿轮轴工程图

参 考 文 献

［1］ 王全先. Pro/ENGINEER Wildfire 5.0 三维设计上机实验教程［M］. 合肥：合肥工业大学出版社，2009.

［2］ 刘良瑞. Pro/ENGINEER Wildfire 4.0 应用教程［M］. 大连：大连理工大学出版社，2009.

［3］ 曾凡亮. Pro/ENGINEER 项目式实训教程［M］. 北京：电子工业出版社，2006.

［4］ 欧阳波仪. Pro/ENGINEER 中文野火版软件应用技术［M］. 北京：人民邮电出版社，2009.

［5］ 张武军. Pro/ENGINEER Wildfire 4.0 中文版数控加工实例精解［M］. 北京：机械工业出版社，2008.

［6］ 白晶. Pro/ENGINEER Wildfire（中文版）零件设计基础篇［M］. 北京：清华大学出版社，2005.

［7］ 谭雪松. Pro/ENGINEER 中文野火版 4.0 项目教程［M］. 北京：人民邮电出版社，2009.